Degafi Sileshi Abera
Berhanu Abrha

Banco de sementes do solo da floresta de Hugumbrda, Etiópia

Degafi Sileshi Abera
Berhanu Abrha

Banco de sementes do solo da floresta de Hugumbrda, Etiópia

Avaliação da composição do banco de sementes do solo de espécies lenhosas na Prioridade Florestal Nacional de Hugumbrda, Nordeste da Etiópia

Imprint

Any brand names and product names mentioned in this book are subject to trademark, brand or patent protection and are trademarks or registered trademarks of their respective holders. The use of brand names, product names, common names, trade names, product descriptions etc. even without a particular marking in this work is in no way to be construed to mean that such names may be regarded as unrestricted in respect of trademark and brand protection legislation and could thus be used by anyone.

Cover image: www.ingimage.com

This book is a translation from the original published under ISBN 978-3-659-57800-7.

Publisher:
Sciencia Scripts
is a trademark of
Dodo Books Indian Ocean Ltd. and OmniScriptum S.R.L publishing group

120 High Road, East Finchley, London, N2 9ED, United Kingdom
Str. Armeneasca 28/1, office 1, Chisinau MD-2012, Republic of Moldova, Europe
Printed at: see last page
ISBN: 978-620-8-06000-8

Índice:

Reconhecimento

Antes de mais, graças a Deus Todo-Poderoso, à Theotokos e aos Santos.

É com grande prazer que exprimo os meus sinceros agradecimentos e a minha genuína gratidão ao meu orientador, Dr. Berhanu Abraha, pela sua orientação e aconselhamento desde o início, durante a redação da tese, até à sua conclusão. Despendeu o seu precioso tempo e energia a apontar os meus erros e fez-me comentários construtivos para os melhorar, o que tornou este estudo um sucesso. Os meus agradecimentos especiais são extensivos ao seu inestimável apoio no fornecimento de materiais para a recolha de dados e críticas atenciosas que me permitiram aprender muito para a minha futura carreira.

Os meus sinceros agradecimentos e apreciações vão para Ato Ze'emariam, administrador do gabinete de recursos naturais de Korem, e para Ato kiros Haile, o gestor da área prioritária da floresta nacional de Hgumbrda, pelo seu apoio material, informação e ajuda em matéria de segurança.

Gostaria de estender a minha mais profunda gratidão aos estudantes locais da zona de estudo; Hayelom Gidey, Luel Alemu, Solomon Teka, Abadit Teka, Kahsay Kalayu, Aredom Kalayu, e aos anciãos locais (c/ro Kaleyta Messele, Ato Gidey Hdaren, Ato Abrha Alemu, c/ro Debesu Derbew, c/ro Argash Beyene, c/ro Lemlem Degu e c/ro Ta'emo Kalayu) pela sua cooperação na recolha de dados e na identificação do banco de sementes do solo.

Os meus mais profundos e sinceros agradecimentos vão também para o meu patrocinador, o Ministério da Educação, pelo seu apoio financeiro, e para a Universidade de Bahir Dar, Departamento de Biologia, pela disponibilização do jardim e dos equipamentos necessários, que foram úteis para a contagem de sementes.

Por último, mas não menos importante, estou muito grato à minha família; à minha querida mãe Awotash Gebremicheal e aos meus familiares Weldegebriel Mebrahtom, Tsehaynesh Hadis, Belaynesh Hadis, Teka Haddis, Ashenafi Mamo, Haftu Hagos e Hayelom Messele pelo seu interminável apoio moral.

Resumo

A avaliação do banco de sementes do solo de espécies de plantas lenhosas foi efectuada na zona prioritária da floresta nacional de Hgumbrda. A fim de avaliar a composição do banco de sementes do solo de espécies lenhosas e estimar o seu estado de regeneração a partir do banco de sementes do solo. Foi estabelecido um total de 36 quadrículas nos quatro habitats (sítios) selecionados da floresta de Hgumbrda. As quadrículas (20 m x 20 m) foram colocadas ao longo de um transecto de linha para examinar a semelhança entre a vegetação em pé e o banco de sementes do solo. As amostras de solo foram recolhidas nos sub-quadrados, medindo 10 cm x 10 cm de camada de folhada e três camadas de solo separadas, cada uma com 3 cm de espessura (0 - 3 cm, 3 - 6 cm, 6 cm - 9 cm). Os resultados do estudo do banco de sementes do solo mostraram a presença de 19 espécies de plantas que foram obtidas a partir da contagem de sementes e da emergência de plântulas dos solos amostrados de todas as camadas. *Juniperus procera* apresentou a maior densidade de sementes viáveis do que as restantes espécies lenhosas (>50,5%). Apenas as sementes de *Afrocarpus falcatus* não eram viáveis, embora fossem muito abundantes (266,7 sementes/m^2). Exceto *Cupressus lusitanica* (3,7%), não foram encontradas espécies lenhosas exóticas e alóctones. O índice de diversidade de Shannon demonstrou um valor baixo para o banco de sementes do solo em Hgumbrda NFPA (H'=1,763). Houve uma variação significativa da distribuição de sementes entre as camadas do solo dos sítios florestais selecionados (p<0,05). O coeficiente de similaridade de Jaccards entre a vegetação em pé e o banco de sementes do solo mostrou que houve um valor insignificante (JCS = 0,21 - 0,43). Para o efeito, são recomendadas estratégias de gestão adequadas, incluindo a preparação de viveiros para espécies vegetais indígenas.

Palavras-chave/frases; Banco de sementes do solo, espécies lenhosas, sementes viáveis, floresta de Hgumbrda, Norte da Etiópia.

Capítulo 1
1. Introdução
1.1. Antecedentes e justificação

A diversidade biológica/Biodiversidade/ foi definida pela Convenção sobre a Diversidade Biológica como: "a variabilidade entre os organismos vivos de todas as origens, incluindo os ecossistemas terrestres, marinhos e outros ecossistemas aquáticos e os complexos ecológicos de que fazem parte, incluindo a diversidade dentro das espécies, entre espécies e dos ecossistemas". Este conceito pode ser brevemente referido como a variedade de vida na Terra. Esta variedade fornece serviços gratuitos no valor de centenas de milhares de milhões de Birr etíopes todos os anos, que são cruciais para o bem-estar da sociedade etíope (IBC,2005). A Etiópia tem sido considerada como um dos países mais importantes de África no que diz respeito aos recursos biológicos (flora e fauna). O número de espécies de plantas superiores (plantas com flor, coníferas e fetos) encontradas na Flora da Etiópia e da Eritreia Volumes 1 - 8 é de cerca de 6500 - 7000, das quais cerca de 10 - 12 % são endémicas do país (Ibc, 2005; Usaid, 2008). Este elevado número de espécies de plantas resulta da grande variação do clima, da geologia e do terreno, que actuam em diferentes escalas temporais e eventos históricos passados. De acordo com a Fao (2010) citada em http://rainforests.mongabay.com (2012), cerca de 12.296.000 hectares de terras etíopes são florestas. A Etiópia tinha 511 000 hectares de floresta plantada.

Por outro lado, a desflorestação e a conversão em culturas permanentes são a principal causa da diminuição da biodiversidade tropical e esta prática já ameaçou várias espécies de plantas (IBC, 2005). Num país como a Etiópia, onde uma população humana em rápido crescimento está a induzir uma sobre-exploração dos recursos naturais produtivos disponíveis, a recuperação das vastas paisagens degradadas que existem no país terá um papel válido e importante no aproveitamento do desenvolvimento sustentável. De facto, a recuperação/reabilitação de terras degradadas é um tema que tem recebido uma atenção considerável em muitas partes do mundo (Mulugeta Lemenih e Demel Teketay, 2006). Uma opção amplamente utilizada é a criação de áreas fechadas, também designadas por enclosurese, ou seja, áreas de terra demarcadas sob uma gestão rigorosa da conservação, frequentemente controlada por uma comunidade local. Nestas áreas, o cultivo, a recolha de lenha e o pastoreio são proibidos, enquanto a colheita de erva é estritamente controlada para permitir a regeneração espontânea da floresta a partir do banco de sementes do solo (Reubens *et al.*, 2007). De facto, as sementes dormentes no solo - conhecidas coletivamente como banco de sementes - desempenham um papel crucial nos padrões de vegetação que vemos e admiramos crescer acima do solo. Também fornecem pistas importantes sobre a história e o futuro de uma paisagem. A dormência ou longevidade das sementes é o que torna possível a existência de um banco de sementes. As sementes estão vivas e pacientes, à espera do momento certo para germinar. O termo chuva de sementes refere-se ao processo pelo qual as sementes entram no banco de sementes. As sementes, nascidas e produzidas no local ou transportadas para o local por um agente dispersor, são incorporadas no solo (Wang & Smith, 2002 citado em Hirsch *et al.*, 2012; Carlo e Aukema, 2005). Se as sementes podem permanecer viáveis por muitos anos, e novas sementes continuam a "chover", é fácil ver de onde vem o termo banco de sementes, uma vez que as sementes se acumulam ao longo do tempo e formam uma reserva de sementes no solo. Estes padrões surgem porque as espécies que formam com sucesso bancos de sementes persistentes são as espécies com maior longevidade de sementes (Wang & Smith, 2002 citado em Hirsch *et al.*, 2012; Emiru Brhane *et al.*, 2006).

Uma planta que dispersa a sua semente tem mais sucesso se conseguir colocá-la num ambiente adequado à germinação e ao crescimento. Para o encontrar, as sementes devem ser dispersas amplamente no espaço (para aumentar a probabilidade de aterrar num local seguro) ou amplamente no tempo (para aumentar a probabilidade de a semente sobreviver o tempo suficiente para que um local seguro se materialize). As plantas com elevada longevidade de sementes desenvolveram a estratégia de esperar pacientemente pelo momento certo. Uma vez que as espécies do banco de sementes germinam com mais sucesso quando há uma perturbação que abre espaço na comunidade vegetal, a semelhança entre o banco de sementes e a vegetação aumenta à medida que a perturbação aumenta (Taye Jara, 2006). Os bancos de sementes persistentes no solo, reservas subterrâneas de sementes de plantas sobreviventes, também designados por bancos de sementes, têm demonstrado desempenhar um papel crucial na reabilitação de florestas naturais em vários ecossistemas em todo o mundo. O reaparecimento de árvores individuais pode depender da sua persistência no banco de sementes. Muitas espécies em ecossistemas de todo o mundo utilizam os bancos de sementes como parte da sua estratégia de regeneração. A capacidade das sementes de plantas de sobreviverem durante um período de tempo mais longo no solo permite que as espécies ultrapassem o estabelecimento frequentemente deficiente e as baixas taxas de sobrevivência das plântulas durante os anos mais secos típicos dos ecossistemas afro-montanhosos, podendo assim contribuir para o restabelecimento de espécies vegetais perdidas da comunidade vegetal original. O banco de sementes actua como uma reserva a partir da qual pode ocorrer novo recrutamento se as condições ambientais forem favoráveis (Tesema Zewdu *et al.*, 2012). É, por conseguinte, extremamente importante compreender o estado do banco de sementes do solo das áreas protegidas, de modo a determinar a taxa de regeneração da vegetação original.

Na Etiópia, pouco se sabia sobre a sobrevivência de sementes de espécies florestais na vegetação subterrânea e sobre as suas implicações ecológicas para a biodiversidade (Mulugeta Lemenih e Demel Teketay, 2006). Os estudos realizados até à data em florestas secas afromontanas, incluindo no norte da Etiópia, foram limitados (Reubens *et al.*, 2007); por conseguinte, os estudos pormenorizados sobre o banco de sementes do solo nas florestas etíopes foram fundamentais para chamar a atenção dos decisores políticos florestais e de outros organismos interessados.

Com base nos aspectos acima referidos, esta investigação centrou-se na avaliação da composição do banco de sementes do solo de espécies lenhosas em Hgumbirda Nfpa (Área Prioritária da Floresta Nacional), que se encontra altamente degradada e invadida. As suas caraterísticas são a existência de aglomerados familiares dispersos, pequenas manchas de terrenos agrícolas e campos de pastagem abertos nas orlas da floresta. A parte noroeste das bordas da floresta de Hgumbirda estava a ser degradada por uma fábrica chamada Maichew Particle Board, a cerca de 20 km a norte. O sobrepastoreio e a interferência humana contínua podem levar a uma alteração irreversível da função da floresta (observação pessoal).

Um estudo sobre a vegetação subterrânea (o banco de sementes do solo) é muito importante para avaliar o estado de regeneração da vegetação. Isto permite que os decisores políticos e a comunidade façam intervenções adequadas na gestão desta floresta afromontana ecologicamente importante. No entanto, não existe nenhum estudo documentado sobre o Ssb (banco de sementes do solo) da vegetação de Hugumbrda. Por isso, este estudo foi concebido para colmatar a lacuna existente sobre a flora do banco de sementes e relacioná-la com a vegetação acima do solo. Isto poderia permitir que a comunidade e os decisores políticos tomassem as medidas de precaução necessárias para a conservação e utilização sustentável da floresta.

1.2. Objectivos do estudo

1.2.1. Objectivos gerais

O principal objetivo deste estudo foi avaliar a composição do banco de sementes do solo de espécies lenhosas e estimar o seu estado de regeneração a partir do banco de sementes do solo na zona prioritária da floresta de Hgumbrda.

1.2.2. Objectivos específicos

❖ Determinar o estado do banco de sementes do solo (composição, diversidade, distribuição vertical e densidade) da vegetação lenhosa em Hgumbrda Nfpa.

❖ Comparar a semelhança da flora de Ssb com as espécies lenhosas acima do solo de Hgumbrda Nfpa.

❖ Identificar as espécies de plantas lenhosas dominantes na flora do banco de sementes do solo de Hgumbrda.

❖ Avaliar o estado de regeneração das espécies lenhosas com base na disponibilidade de um banco de sementes viável no solo.

❖ Comparar a similaridade da flora do banco de sementes do solo entre quatro comunidades florestais (sítios) de Hgumbrda Nfpa.

1.2.3. Distinguir a disponibilidade de sementes de espécies lenhosas exóticas no banco de sementes do solo.

1.3. Questões de investigação

A investigação aborda as seguintes questões principais.

- ❖ Qual é a composição do banco de sementes do solo das espécies lenhosas da Hgumbrda Nfpa?

  Existe alguma semelhança entre o banco de sementes do solo e a vegetação lenhosa acima do solo?

  Quais as espécies de plantas lenhosas que possuem uma composição elevada de sementes no solo e quais as que possuem menos?

  Existe alguma espécie lenhosa exótica ou alóctone no banco de sementes do solo de Hgumbrda Nfpa?

  Existe semelhança na composição do banco de sementes do solo entre os quatro sítios florestais selecionados de Hgumbrda?

  Qual é o estado de regeneração da floresta com base na disponibilidade de um banco de sementes viável no solo?

Capítulo 2
2. Revisão da literatura
2.1. Descrição da vegetação da Etiópia
A Etiópia tem um relevo complexo e uma variedade de climas e, por conseguinte, diversos habitats com uma flora e fauna ricas. A vegetação da Etiópia é diversificada e vai desde a vegetação afro-alpina até aos arbustos do deserto (Ibc, 2005). Contudo, a flora da Etiópia não foi estudada de forma exaustiva. A recente descoberta de *Acacia fumosa* e *Asplenium balense* como novas espécies de plantas da Etiópia é prova disso (Thulin, 2007 citado em Ermias Aynekulu, 2011). Uma grande proporção dos hotspots de biodiversidade do Afromontano Oriental e do Corno de África situa-se na Etiópia; e o país é um dos centros de biodiversidade do mundo (Ibc, 2005; Usaid, 2008; Ibc, 2009).
A vegetação da Etiópia é altamente influenciada pelo clima, que está associado à altitude. O sudoeste da Etiópia recebe mais precipitação do que outras partes do país devido ao ar húmido proveniente da bacia do Congo. No entanto, este vento de oeste não consegue penetrar para além de 30° E e raramente influencia as regiões dos cornos, porque as terras altas da Etiópia actuam como barreiras. A flora do sul da Etiópia é mais semelhante à do Quénia e do Uganda do que à flora do norte da Etiópia (Dugdale, 1964 citado em Ermias Aynekulu, 2011). A vegetação da faixa afromontana (900-3200 m) do norte da Etiópia tem estado sob enorme pressão das actividades humanas e do sobrepastoreio, o que levou à substituição das florestas sempre verdes por prados (Ermias Aynekulu, 2011). A vegetação da Etiópia foi simplificada em oito tipos principais de vegetação, nomeadamente: zona afroalpina e subafro-alpina, floresta de montanha sempre-verde seca e prados, floresta de montanha sempre-verde húmida, matagal sempre-verde, *Combretum-Terminalia* e savana, floresta de Acacia-Comiphora, floresta de planície (semi-) sempre-verde, deserto e matagal semidesértico e vegetação costeira (Ibc, 2009). Por conseguinte, a floresta de montanha seca e sempre-verde, a pastagem e o matagal sempre-verde caracterizam os remanescentes florestais no norte da Etiópia (Ermias Aynekulu, 2011).
Com base nas classificações recentes dos ecossistemas da Etiópia, a floresta de Hgumbirda é genericamente classificada como floresta de montanha seca e sempre-verde, que distingue os remanescentes florestais no norte da Etiópia. Este ecossistema é caracterizado por um clima seco (precipitação anual inferior a 1000 mm) com *Juniperus procera* e *Olea europaea* subsp. *cuspidata* como espécies dominantes (Ermias Aynekulu, 2011).
2.2. Floresta montana perenifólia seca da Etiópia
A Floresta Montana Seca Sempre-Verde é um tipo de vegetação muito complexo que ocorre numa faixa altitudinal de 1500-2700 m.a.l., com temperatura e precipitação médias anuais de 14-25° C e 700-1000 mm, respetivamente. É habitada pela maioria da população etíope e representa uma zona de agricultura mista sedentária à base de cereais durante séculos (http://www.etflora.net, 2013). Este tipo de floresta desenvolve-se em zonas de humidade relativamente elevada, mas com pouca chuva, e onde há uma estação seca prolongada. As florestas estão a diminuir devido à interferência humana e são substituídas por terrenos de mato na maioria das áreas. Os solos tornaram-se rasos como resultado da erosão do solo que vem ocorrendo há séculos (Ibc, 2005; 2008; 2009).
A floresta montana de folha perene seca tem vários andares (ou seja, a vegetação tem muitos estratos). O andar superior é constituído pelas árvores mais altas, conhecidas como "emergentes", porque se projectam acima dos estratos inferiores. Abaixo das emergentes, há um estrato de árvores mais baixas de várias alturas, formando um dossel mais ou menos contínuo. Ainda mais abaixo, há um estrato de árvores curtas e arbustos grandes, muito menos densos do que o segundo estrato (Usaid, 2008). Por fim, o estrato mais baixo é constituído por arbustos e ervas. Epífitas, lianas e semi-parasitas são comuns. Esta vegetação é caracterizada por *Olea europaea* subsp. *cuspidata*, *Juniperus procera*, *Prunus africana*, *Celtis africana*, *Euphorbia ampliphylla*, *Carissa spinarum*, *Euclea divinorum*, *Rosa abyssinica*, *Pittosporum viridiflorum* e *Ekebergia capensis*. Existem proveniências mistas de *J. procera*, algumas das quais podem tornar-se muito grandes enquanto outras permanecem pequenas. Nas zonas mais húmidas, este tipo de vegetação inclui *Afrocarpus falcatus* As trepadeiras incluem *Smilax aspera*, *Rubbia cordifolia*, *Urera hypselodendron*, *Embelia schimperi*, *Jasminum abyssinica*, várias espécies das Cucurbitaceae e outras famílias que frequentemente se juntam a este elemento da

vegetação (IBC, 2009).

A floresta de Hgumbirda é a única grande floresta montanhosa seca e sempre-verde, mais ou menos intacta, com muitas espécies de árvores raras do período anterior às perturbações. *Afrocarpus falcatus, Juniperus procera, Olea europaea* subsp. *cuspidata* e espécies de árvores nativas dominantes, que são raras noutras partes do norte da Etiópia, encontram-se nesta floresta (Ermias Aynekulu, 2011).

2.3. Ameaças à vegetação da Etiópia e questões de conservação

As ameaças à vegetação e à base de recursos da Etiópia podem ser amplamente associadas às seguintes categorias: capacidade governamental, institucional e jurídica limitada; crescimento da população; degradação dos solos; fraca gestão das zonas protegidas; e desflorestação. Estas ameaças estão, em grande medida, inter-relacionadas e reforçam-se mutuamente, quer sejam diretas (como a desflorestação provocada pelo carvão vegetal) ou indirectas (como a capacidade governamental limitada, como se vê na falta de aplicação das políticas relacionadas com os recursos naturais) (Usaid, 2008).

Por conseguinte, é importante não só compreender as ameaças individuais, mas também examiná-las de uma forma holística que reconheça a sua inter-relação e tratar estas ameaças com uma abordagem multissectorial (Ibc, 2005; Usaid, 2008). Estas acções podem ser implementadas por uma série de actores, incluindo o governo da Etiópia, ONGs, doadores internacionais, instituições de investigação, organizações comunitárias ou harmonização. Outras acções-chave incluem o aumento da aplicação de regras e limites; educação ambiental; e esforços para reforçar as relações entre as áreas protegidas e as comunidades, com ênfase na devolução dos benefícios das áreas protegidas a essas comunidades (Ibc, 2005; Usaid, 2008; Schmitt *et al.*, 2010; Birhanu Kebede, 2010). Tendo em conta as oportunidades perdidas, os silvicultores e conservacionistas têm de desenvolver novas iniciativas para responder à convergência das comunidades locais e das florestas (Birhanu Kebede, 2010; Lema Etefa, 2011; Feyera Abdena, 2010).

A floresta de Hgumbrda é única no sentido em que é (1) o único remanescente de grande floresta afromontana bem protegido no nordeste da Etiópia, e (2) uma floresta isolada não só porque a área circundante foi limpa, mas principalmente porque está localizada num vale isolado junto à fenda paralela do Lago Hashenge. Trata-se, portanto, de uma ilha isolada de floresta numa paisagem dominada por culturas e pastagens. Nestas áreas isoladas, a polinização cruzada limitada, a consanguinidade e a deriva genética são susceptíveis de afetar negativamente as populações de plantas. Este facto pode ser observado na estrutura populacional das árvores, ou seja, um número reduzido de plântulas, bem como um número menor de rebentos do que de indivíduos adultos. Neste caso, a floresta pode ser extinta, ou seja, algumas espécies de árvores ainda estão presentes, mas tornar-se-ão localmente extintas devido à fraca ou nenhuma regeneração (Ermias Aynekulu, 2011).

2.4. Conceitos de banco de sementes do solo

Na sua essência, a semente é uma árvore bebé porque é responsável pela regeneração das árvores e, em última análise, pelo sucesso reprodutivo da vegetação. Após a fecundação, o crescimento inicia-se em várias partes do óvulo, dando origem a uma semente; o zigoto desenvolve-se em embrião, o núcleo primário do endosperma dá origem ao endosperma e os tegumentos formam o revestimento protetor da semente, que é a principal defesa da semente contra condições ambientais adversas (Singh e Khurana, 2001).

O banco de sementes do solo refere-se a todas as sementes e frutos viáveis presentes no solo ou dentro dele e associados ao lixo/húmus. Os bancos de sementes do solo podem ser transitórios, com sementes que germinam no prazo de um ano após a dispersão inicial, ou persistentes, com sementes que permanecem no solo durante mais de um ano. Apresentam variações no espaço e no tempo e apresentam dispersão horizontal e vertical, reflectindo a dispersão inicial no solo e o movimento subsequente (Harper, 1977 citado em Eyob Tenkir, 2006). Segundo Simpson *et al.* 1989 citado em Demel Teketay, 2005), o banco de sementes do solo reflecte parcialmente a história da vegetação e pode desempenhar um papel importante na sua regeneração ou restauração após perturbações. O banco de sementes do solo é a reserva de sementes enterradas no solo. Ou todas as sementes viáveis presentes sob e à superfície do solo ou associadas à folhada do solo constituem o banco de sementes do solo e fazem parte da composição de espécies da vegetação existente. As sementes viáveis que ocorrem à superfície e sob o solo associadas à folhada do solo são conhecidas como banco de sementes.

2.5. Dinâmica do banco de sementes do solo

A dinâmica do banco de sementes de uma população de plantas pode ser descrita como a adição contínua de sementes ao solo pela chuva de sementes, formando um reservatório de sementes dormentes a partir do qual as sementes são perdidas por germinação, predação e morte (Kellerman, 2004). A mobilidade das sementes no solo é mal compreendida, mas parece seguir um mecanismo de perturbação que pode ser facilitado pela atividade de animais escavadores ou pela fissuração do solo durante períodos alternadamente húmidos e secos. Alguma migração de sementes pode ocorrer por percolação da água do solo, com as sementes mais pequenas a deslocarem-se mais rapidamente do que as maiores. De longe, a perturbação humana através da lavoura e outras práticas fornece o mecanismo mais imediato para o transporte vertical de sementes no solo (Simpson *et al* 1989 citado em Demel Teketay, 2005). Para muitos bancos de sementes do solo, é necessário um mecanismo de perturbação física para trazer as sementes enterradas para a superfície onde a germinação pode ocorrer (Taye Jara, 2006).

2.6. Caraterísticas dos bancos de sementes do solo

2.6.1. Chuva de sementes

O banco de sementes é reabastecido pela chuva de sementes, muitas das quais podem ter sido dispersas de outros locais. A dispersão de sementes é de importância crucial para uma comunidade vegetal, uma vez que a dispersão da descendência aumenta a aptidão da planta-mãe (Pullo, 2005). As sementes que não caem diretamente sob a copa da planta-mãe são transportadas para um novo local de estabelecimento por vectores de dispersão como o vento, a água, os animais e os seres humanos (Demel Teketay, 2005). A distribuição espacial resultante das sementes em torno da sua fonte materna é designada por sombra de sementes. O sucesso do estabelecimento das plântulas após a dispersão das sementes é influenciado pela presença de inimigos naturais das sementes e das plântulas, tais como agentes patogénicos, predadores de sementes pós-dispersão, parasitas e herbívoros; bem como pelas interações entre irmãos e pela probabilidade de encontrar um local fisicamente adequado para o estabelecimento (Kellerman, 2004).

2.6.2. Distribuição de sementes no banco de sementes

Embora as sementes no banco de sementes do solo sejam geralmente mais abundantes perto da superfície do solo, com o número a diminuir com o aumento da profundidade, cada tipo de vegetação tem a sua própria distribuição caraterística de sementes no perfil do solo. As sementes pequenas tendem a ser dispersas mais profundamente no solo do que as sementes maiores, que são mais abundantes nas camadas superiores do solo e nos detritos da superfície do solo. Algumas sementes pequenas também são enterradas pelas actividades dos organismos vivos do solo e outros herbívoros (Tesema Zewdu *et al.*, 2012). A profundidade a que as sementes são distribuídas no solo pode ter várias implicações para o sucesso da regeneração de uma planta. A germinação efectiva das sementes pode ser dificultada devido a um grande número de sementes pequenas que estão profundamente enterradas (>50 mm) e não têm os recursos necessários para atingir a superfície do solo onde as condições ambientais são mais favoráveis (Kellerman, 2004). Outro requisito de germinação muito importante no que respeita à profundidade do solo é a exposição eficiente à luz. A luz penetra apenas alguns milímetros nas camadas superiores do solo, o que significa que as sementes sensíveis à luz não germinarão a partir de maiores profundidades do solo (Demel Teketay, 2005).

As sementes não se distribuem apenas verticalmente, mas também horizontalmente no solo. A acumulação de sementes em depressões, que normalmente leva a uma distribuição horizontal agrupada de sementes, é causada pela atividade animal, por sementes arredondadas que podem rolar ao longo da superfície do solo, pelo vento e pelo escoamento da água da chuva (Taye Jara, 2006; Hirsch *et al.*, 2012). O conhecimento sobre a dispersão espacial e temporal das sementes de uma espécie, juntamente com as caraterísticas das sementes, como a massa, o tamanho, a forma e a viabilidade, determinará o sucesso da gestão na restauração e reabilitação de uma planta-alvo. O sucesso do estabelecimento não depende apenas da dispersão eficaz das sementes e dos locais de germinação disponíveis, mas também dos agentes dispersores de sementes que criam nichos de germinação ao perturbar a estrutura da vegetação e a superfície do solo (Johannsmeier, 2009).

2.6.3. Tamanho do banco de sementes

De acordo com Kellerman (2004), é comummente assumido que o tamanho de um banco de sementes é um reflexo da sua importância na dinâmica da vegetação sob a qual ocorre. Segundo ele, as ervas daninhas de terras agrícolas e hortícolas tendem a formar grandes reservas de sementes no solo, enquanto as espécies arbóreas, especialmente as de estágios sucessionais avançados e ambientes estáveis, são pouco representadas no banco de sementes do solo. As sementes de longa duração são caraterísticas dos habitats perturbados e a maioria são anuais e bienais. As sementes grandes, como as de espécies de florestas tropicais maduras, têm uma vida muito curta, enquanto as sementes mais pequenas tendem a ter uma longevidade muito maior. A perda de viabilidade das sementes é causada principalmente pelo envelhecimento, pelo ataque de fungos e pela decomposição patogénica. A viabilidade das sementes também diminui à medida que as mutações e as alterações bioquímicas se acumulam durante o período de armazenamento das sementes. As alterações na densidade de sementes viáveis presentes no banco de sementes são influenciadas por alterações nas condições ambientais, como a temperatura e o teor de água do solo. A longevidade e a viabilidade das sementes são dois factores muito importantes que influenciam o restabelecimento da vegetação natural numa determinada área (Yu *et al.*, 2007). A longevidade das sementes é hereditária e é, portanto, responsável pela manutenção da variabilidade genética dos bancos de sementes do solo (Simpson et al., 1989 citado em Keller man, 2004). A dormência das sementes também é muito importante, porque pode influenciar a taxa de germinação e o estabelecimento das plântulas, bem como a sobrevivência subsequente das plântulas (Pullo, 2005).

2.6.4. Abrasão de sementes

A decomposição das sementes no solo, especialmente em ambientes húmidos, é uma grande fonte de desgaste do banco de sementes (Eyob Tenkir, 2006). A idade é outro fator: à medida que as sementes envelhecem, há maior probabilidade de morte e, consequentemente, de desgaste do banco de sementes. A profundidade de enterramento pode ser determinante, uma vez que a germinação bem sucedida das sementes se limita às profundidades pouco profundas da camada superficial do solo, onde os sinais de germinação ainda têm efeito e a germinação das sementes permite que a plântula atinja a superfície do solo. É apenas por esta última razão que a perturbação, especialmente a perturbação da superfície do solo, desempenha um papel tão importante na comunidade de SSB (Pullo, 2005). A humidade do solo, a atividade bacteriana e a temperatura desempenham um papel na taxa de decomposição das sementes no solo (Demel Teketay, 2005). Estas variáveis são todas alteradas pelo ambiente biótico, que está sujeito a perturbações como a invasão e a limpeza da vegetação. Assim, o banco de sementes e a regeneração de espécies dependentes de sementes são susceptíveis a este tipo de perturbações (Taye Jara, 2006).

2.6.5. Composição das espécies

O banco de sementes do solo desempenha um papel significativo na sucessão primária e secundária das plantas e determina, em grande medida, a composição e a estrutura da vegetação existente. Os bancos de sementes do solo são também muito importantes para a restauração ou restabelecimento da vegetação nativa após uma perturbação. No entanto, é importante notar que existe uma variação extrema entre as espécies no que respeita ao número de sementes viáveis que deixam no solo. Este fenómeno é responsável pela ausência, em muitos casos, de qualquer relação estreita entre a vegetação de superfície e a composição de espécies do banco de sementes do solo (Pullo, 2005). Os bancos de sementes do solo são, em geral, dominados por espécies herbáceas, como gramíneas, forbes e juncos. As espécies lenhosas estão muito pouco representadas na reserva de sementes do solo (Mulugeta Lemenih e Demel Teketay, 2006; Eyob Tenkir, 2006; Getachew Tesfaye et al., 2004). A densidade de sementes em relação à composição das espécies e à vegetação é, por conseguinte, muito variável (Demel Teketay, 2005).

2.7. Classificação do banco de sementes

De acordo com Csontos e Tamas (2003), uma compreensão comparativa dos diferentes sistemas de classificação de bancos de sementes pode facilitar a escolha de um sistema adequado para objectivos de investigação específicos. Charles Darwin parece ter sido a primeira pessoa a efetuar observações científicas sobre bancos de sementes em 1859. De acordo com Johannsmeier (2009), o primeiro sistema de classificação de bancos de sementes do solo foi proposto em 1969 por Schafer e Chilcote em quatro categorias gerais, nomeadamente

1) Sementes que estão dormentes devido a causas exogénicas (ambientais);
2) Sementes que estão dormentes devido a causas endogénicas (dormência inata);
3) Sementes capazes de germinar nas condições actuais; e
4) As sementes não viáveis no solo.

Um outro sistema de quatro categorias com subcategorias foi proposto com base nos destaques da dinâmica do banco de sementes e da chuva de sementes, ou seja, o período de sobrevivência das sementes (Csontos e Tamas, 2003; e Johannsmeier, 2009). Este sistema de classificação resume-se a;

I)   Banco de sementes transitório com sementes que estão confinadas à camada superior do solo e estão presentes apenas por um curto período após a chuva de sementes (persistente por <1 ano).

II)   Banco de sementes transitório com sementes presentes na camada superior do solo durante todo o ano, mas com um pico após a chuva de sementes. Algumas sementes encontram-se na camada inferior do solo e persistem durante 1-2 anos.

III)   Banco de sementes persistente com muitas sementes na superfície do solo e algumas na camada inferior durante todo o ano. A camada superior tem um pico distinto após a chuva de sementes, enquanto a camada inferior tem um pequeno pico após a chuva de sementes. As sementes persistem durante alguns anos a algumas décadas.

IV)   Banco de sementes persistente com pelo menos tantas sementes na camada inferior como na superior

camada de solo durante todo o ano e nenhum pico distinto após a chuva de sementes. As sementes persistem durante

várias décadas.

Esta classificação combina o comportamento sazonal e a distribuição da profundidade, o que a torna mais refinada do que outras classificações (Johannsmeier, 2009).

2.8. A importância dos bancos de sementes na restauração e conservação

De acordo com Johannsmeier (2009), dificilmente existe uma única área da ecologia vegetal moderna em que os bancos de sementes não estejam implicados, muitos deles com relevância direta para a ecologia do restauro (por exemplo, recolonização após incêndio ou erupção vulcânica, previsão da vegetação de sapal após drenagem, sucessão, conservação da vegetação e invasão por espécies exóticas). A compreensão da dinâmica populacional de sementes viáveis enterradas tem alguma importância prática para a agricultura, a silvicultura e a conservação.

Os tipos de vegetação diferem entre si em muitos aspectos, como o habitat, as condições ambientais, o regime de perturbação, a estrutura da vegetação, a composição das espécies e as estratégias de reprodução. A perturbação da vegetação natural pelo fogo induzido pelo homem e pelo impacto dos animais ou pela invasão humana é motivo de grande preocupação para muitos conservacionistas e investigadores em muitos países, especialmente nas zonas consideradas hotspots biológicos. As espécies vegetais raras e ameaçadas de extinção, em particular, necessitam de proteção contra a extinção. A destruição da vegetação pela indústria mineira e florestal exige também a reabilitação e a recuperação das comunidades vegetais após a perturbação. Há já muitos anos que se verificou que o banco de sementes do solo de alguns tipos de vegetação pode ser utilizado para restabelecer espécies vegetais perdidas da comunidade vegetal original. A capacidade de as sementes permanecerem viáveis no solo durante muitos anos permite que as espécies vegetais voltem a aparecer no local de restauração, restabelecendo a vegetação anterior no seu estado original e natural. No entanto, muitos tipos de vegetação não produzem bancos de sementes de longa duração no solo. Nestes casos, a restauração da vegetação após a perturbação não pode ser efectuada com sucesso a partir do banco de sementes contido no solo. A dinâmica do banco de sementes do solo tem de ser estudada e compreendida em pormenor, não só para interpretar os processos ecológicos, mas também para assegurar uma gestão bem sucedida da restauração e reabilitação da vegetação (Kellerman, 2004). Se a composição de espécies do banco de sementes de uma terra arável for determinada, o conhecimento da viabilidade a longo prazo das espécies envolvidas é claramente valioso para fornecer uma base para técnicas de controlo. Os bancos de sementes permitem que as populações de plantas mantenham a sua variabilidade genética, resistam a períodos adversos e persistam ao longo do tempo. Assim, o banco de sementes é um indicador da história da vegetação de uma área, mas também um contribuinte para a futura estrutura e dinâmica da comunidade. A determinação da composição do banco de sementes e do padrão espacial das sementes à luz do conhecimento da viabilidade a longo prazo das espécies envolvidas é claramente de grande valor para fornecer uma base para a estratégia de gestão e controlo (Johannsmeier, 2009).

2.9. Os efeitos do pastoreio nos bancos de sementes do solo

De acordo com Chang *et al.* (2001), as estratégias de regeneração das plantas são moldadas por padrões de perturbação e stress. Estes actuam como forças selectivas ao longo do tempo evolutivo. As sementes persistem frequentemente no solo, uma vez que são mais tolerantes a condições adversas do que os seus homólogos adultos e, uma vez enterradas no solo, podem escapar a agentes de perturbação e predação (como o pastoreio por grandes herbívoros). A presença de sementes em habitats perturbados é determinada pela relação entre os conjuntos de plantas originais, a quantidade de produção de propágulos e a capacidade de acumular reservas de sementes no solo. Todos estes factores serão afectados pela perturbação e o banco de sementes diminuirá em função do tempo decorrido desde que a vegetação foi destruída. Foi demonstrado que o pastoreio por grandes herbívoros altera a composição e a densidade do banco de sementes, alterando a composição de espécies e as relações de abundância da comunidade vegetal, e a subsequente produção de sementes de cada componente da comunidade (Tesema Zewdu *et al.*, 2012). Assim, a herbivoria pode modificar os processos sucessionais em regimes de pastoreio a longo prazo.

O tipo de banco de sementes determina frequentemente a reação de uma comunidade vegetal à perturbação. A proporção de sementes persistentes e transitórias num banco de sementes pode ter implicações importantes na reação à perturbação (Kellerman, 2004). As gramíneas perenes são extremamente dependentes da produção de sementes e da chuva de sementes para a reposição anual do banco de sementes do solo. As espécies de gramíneas anuais que são reprodutoras obrigatórias de sementes são menos vulneráveis ao pastoreio, uma vez que será sempre incorporada uma quantidade suficiente de sementes no banco de sementes, pelo que têm uma vantagem competitiva sobre as espécies de gramíneas perenes. A capacidade de formar bancos de sementes persistentes permite que as espécies sobrevivam a episódios de perturbação e destruição. Assim, a compreensão dos bancos de sementes persistentes é a chave para muitos aspectos da gestão prática da agricultura e da conservação (Johannsmeier, 2009).

2.10. Diferenças entre o banco de sementes e a flora aérea

A crescente literatura sobre estudos de bancos de sementes reflecte uma maior consciencialização e interesse no papel que os bancos de sementes desempenham na influência da recolonização e estrutura das comunidades vegetais. Apesar da crescente consciencialização da importância ecológica e evolutiva dos bancos de sementes, na maioria dos ecossistemas tudo o que se sabe sobre eles é a sua densidade, medida num único ponto no tempo e no espaço. Assim, embora esteja a começar a desenvolver-se uma imagem estática da dimensão dos bancos de sementes, a dinâmica ecológica da relação entre as sementes do solo e as plantas de superfície continua a ser pouco estudada e compreendida (Snyman, 2010). É importante compreender a relação dinâmica entre a vegetação e o banco de sementes porque, em muitos habitats, os bancos de sementes são um local de interesse para os cientistas devido ao potencial de um banco de sementes para alterar a composição e a produtividade da vegetação (Demel Teketay, 2005). As diferenças entre a composição florística de uma comunidade vegetal e o seu banco de sementes do solo devem-se frequentemente ao facto de a biologia da germinação diferir entre espécies (Esmailzadeh *et al.*, 2011).

As semelhanças ou diferenças entre o banco de sementes e a vegetação estabelecida dão uma boa estimativa do tipo de banco de sementes presente e fornecem uma pista sobre o historial de gestão de um terreno e também sobre as estratégias de história de vida das plantas que ocupam um determinado terreno (Lopez *et al.*, 2000). Em habitats frequentemente perturbados, a composição de espécies do banco de sementes e da vegetação é geralmente semelhante, mas à medida que a vegetação amadurece, a disparidade entre os dois aumenta. A divergência da composição de espécies da vegetação de superfície e das sementes enterradas foi frequentemente observada em povoamentos mais velhos de sítios em sucessão. A presença destas espécies como sementes no solo é importante para a recuperação da vegetação após uma perturbação (Johannsmeier, 2009).

Capítulo 3
3. Materiais e métodos
3.1. Descrição da área de estudo
3.1.1. Localização
A Área Prioritária da Floresta Nacional de Hgumbrda está localizada na zona sul de Tigray, a cerca de 630 km a norte de Adis Abeba e a cerca de 160 km a sul de Mekelle, a capital do Estado Regional de Tigray. Situa-se entre 120 36' e 120 42' de latitude norte e 390 31' e 390 34' de longitude leste, numa faixa altitudinal de 2110 a 2688 m de altitude (Fig. 1).

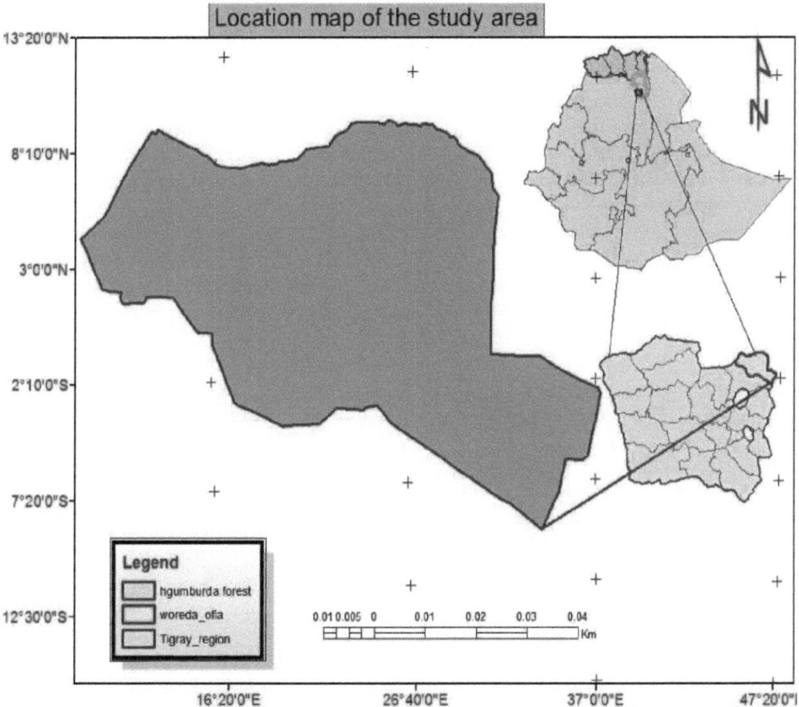

Figura .1. Hugumirda Nfpa situado no sul do Estado Regional de Tigray (parte nordeste dos distritos de Ofla).

3.1.2. Topografia
A área encontra-se no domínio das terras altas do norte da Etiópia, delimitada a leste pela escarpa ocidental do vale do Rift. A altitude da área diminui para leste a partir do oeste, onde a elevação atinge o seu pico. A topografia da zona pode ser classificada em colinas, planícies, montanhas e vales (Misgina Gebrehiwot, 2006; Nurya Abdurahumn, 2010).

2.10.1.Clima
A área de estudo está localizada numa zona agro-ecológica semi-árida onde o clima é influenciado pela topografia, elevação e exposição a ventos pluviais, onde o declínio da precipitação e o aumento da temperatura do planalto para as encostas da escarpa oriental são acentuados (Ermias Aynekulu, 2011). Os dados metrológicos da temperatura máxima e mínima mensal e da precipitação mensal foram obtidos na estação de Korem, a estação metrológica mais próxima da área de estudo. Com base nos dados climáticos de 20022011, a temperatura máxima média na área de estudo foi observada em junho (25,78° C). Por outro lado, a temperatura mínima média foi observada durante o mês de agosto

(11,62° C). Mas ao longo do ano a temperatura máxima e mínima varia entre 19,86° C e 25,78° C e entre 4,14° C e 12,31° C, respetivamente (estação metrológica de korem Wereda).

2.10.2.Precipitação

De acordo com a estação metrológica de korem Wereda, a área de estudo tem uma precipitação bimodal que ocorre em duas estações, de março a maio e de julho a setembro. A precipitação média mensal da área de estudo é de 83,8 mm. Tradicionalmente, a estação de chuva relativamente curta é conhecida como "Belg", enquanto a estação de chuva principal (julho a setembro) é conhecida como "Kiremt". Existem três zonas agro-climáticas na Wereda, com maior domínio das terras altas ou "Dega". A zona de Dega abrange cerca de 42% da Wereda, seguida de "Woina dega" e "Kola", com 29% cada (Nurya Abdurahumn, 2010).

2.10.3.Vegetação

Anteriormente, a área estava coberta por uma densa floresta composta por diferentes espécies indígenas.

De acordo com Zenebe Gebre-Egziabher *et al.* (1998), citado em Luel kidane *et al.* (2010), e com informações obtidas junto de informadores locais, a floresta natural foi explorada por um concessionário italiano chamado Montu Doro, que instalou serrações em Hgumbrda em 1950 com a autorização do governador da província de Wello. Os principais produtos de madeira foram extraídos principalmente de *Juniperus procera* e *Afrocarpus falcatus*. Além disso, esta atividade resultou no abate indiscriminado da floresta. Esta limpeza indiscriminada da floresta para a exploração madeireira, juntamente com a deslocação das culturas nas zonas exploradas, o sobrepastoreio e a recolha de lenha, conduziram a floresta ao seu estado atual, em que apenas restam arbustos, arbustos e matos da floresta secundária. A seca de 1984/85 na zona foi também considerada como um dos períodos mais críticos que transformou a floresta no último recurso para a subsistência das famílias rurais. A floresta foi oficialmente colocada sob os auspícios da Agência Estatal de Florestas em 1965 (Sfcdd, 1997 citado em Luel kidane *et al.*, 2010). Depois, em 1981, a área foi identificada como uma das Nfpas. A demarcação dos limites, que constituiu a base para a gestão atual da floresta, foi realizada em 1993. Uma vez que a maior parte da parte central e norte da floresta está sob bom controlo do gado e de factores antropogénicos, observam-se muitas plântulas germinadas em florestas abertas (Fig. 2).

Figura.2. Vistas parciais de plântulas e rebentos a germinar na floresta de Hgumbrda.

De acordo com Ermias Aynekulu (2011) e Zerihun Woldu (1999), conforme citado em Nurya Abdurahumn (2010), a vegetação natural pertence à "Floresta montana seca e sempre verde". As espécies do dossel superior encontradas são *Juniperus procera, Olea europaea subsp. cuspidata, Hagenia abyssinica, Prunus africana, Bersama abyssinica, Calpurina aurea, Euclea racemosa, Myrsine africana, Rhus glutinosa, Maeasa lanceolata, Pterolobium stellatum, Psydrax schimperiana, Acacia tortilis, Balanites aegyptiaca* e *Dodonaea angustifolia*. A parte noroeste da floresta é extremamente dominada por *Juniperus procera* (Fig.3).

Figura.3. Vista parcial da floresta de Hgumbrda, dominada por *Juniperus procera*.

3.1.6. População e utilização dos solos

População

Existem 24 454 agregados familiares dentro e em redor dos limites da floresta; destes, 5496 agregados encontram-se totalmente dentro da área florestal e os restantes 18 958 residem na periferia da floresta. Em geral, a população masculina é um pouco superior à feminina, que é de 53,8%. A dimensão média da população é de seis pessoas por agregado familiar, com uma densidade média de 138 pessoas/quilómetro quadrado (Luel kidane *et al.*, 2010). As crianças estão envolvidas em actividades económicas importantes, como cuidar do gado e percorrer longas distâncias para recolher lenha (Fig.4).

Figura.4. As crianças estão envolvidas em muitas actividades de sobrevivência na comunidade.

Utilização do solo

As culturas são produzidas na agricultura de sequeiro, principalmente para fins de subsistência. As principais culturas que crescem na região são o teff, o milho, a cevada, o trigo, o feijão, as ervilhas, as lentilhas, o sorgo e a pimenta (kalayu Yirga, 2011). O "Koreffie" e o "Teji" são as bebidas comuns das populações. Devido à prevalência de um padrão de precipitação bimodal, o sistema de dupla cultura (produção de duas culturas nas mesmas parcelas de terra num ano) é praticado tanto nas terras altas como nas terras baixas. A adubação e a rotação de culturas são praticadas muito raramente. O desvio das cheias e os mecanismos de recolha de água são também praticados, especialmente nas terras baixas onde a precipitação é relativamente escassa. A produção de culturas e a criação de gado são as principais actividades económicas da área de estudo. Os agricultores da área de estudo seguem sistemas agrícolas mistos. O feijão, a ervilha, o milho e o sorgo são as principais culturas produzidas na zona. O gado bovino, as galinhas, as ovelhas, as cabras, os cavalos e os burros constituem a população pecuária. Os burros, cavalos, mulas e camelos são os meios de transporte mais importantes para as famílias rurais. De todos os animais domésticos criados na Wereda, a população de bovinos é elevada, com 72.924 cabeças, a de galinhas 97.248 e a de ovelhas 49.772. O carbúnculo bacteriano, a fasciolíase e os tripanossomas são algumas das doenças que ocorrem na zona (comunicação pessoal

com trabalhadores do gabinete agrícola de Ofla Wereda).
Em geral, a subsistência da família dos criadores de gado depende da vegetação natural e dos resíduos das culturas. A utilização de partes de árvores como forragem é muito limitada na área de estudo. "Hizaeti "e "Mewaya" ou "Mewcha" são os dois sistemas tradicionais de pastoreio mais praticados na área. Estes são sistemas de gestão de recursos naturais comuns ou um local de pastagem comum designado particularmente para o gado, especialmente bois (observação pessoal).

3.1.7. Animais selvagens

A floresta natural remanescente na área é o único refúgio para a vida selvagem (Fig. 5). Entre os vários animais selvagens, os mais frequentes são o pato-do-mato, o duiker, o Klipspringer, o macaco de veludo, o babuíno de Anubis e a hiena. A galinha-de-bico-amarelo, o pombo-torcaz, o íbis-de-cabeça-branca e a galinha-d'angola também se encontram entre as várias aves encontradas na floresta (observação pessoal). De acordo com informações locais, algumas das espécies foram indicadas como tendo um efeito prejudicial nas culturas e no gado. Entre elas, o babuíno Anubis, o javali, o chacal comum e a hiena foram indicados como as mais graves.

Figura.5. Quadro de avisos que transmite uma mensagem sobre os animais selvagens e as espécies vegetais da floresta de Hgumbrda.

3.1.8. Igrejas /Mosteiros e a Água Benta

A floresta estava repleta de várias igrejas e mosteiros antigos, que desempenham um papel importante no respeito e na manutenção das espécies representativas do passado da floresta, que não foram totalmente degradadas pelas populações locais. As igrejas e mosteiros mais importantes são Abune Teklehaymanot Gedam (o proprietário da água de vapor sagrada local que serve de sítio turístico na parte oriental da floresta com espécies de acácia e *Olea europaea*), Hgumbrda Medhanialem Gedam (onde se originou o nome da floresta) e a água benta Abune Gebre Menfeskidus na parte norte (dominada por um representante anterior de *Hagenia abyssinica,* limitada ao resto da floresta), Hgumbrda Kidus Gebriel Gedam (com manchas profundas de floresta *de Juniperus procera* nos limites noroeste da floresta) e Menkere Kidus Giorgis Gedam (parte sudoeste da floresta adjacente ao lago Hashenge, rica em *Juniperus procera*) (observação pessoal e comunicação com os anciãos locais).

3.2. Metodologia

3.2.1. Inquérito de reconhecimento

O levantamento de reconhecimento da floresta de Hgumbrda foi feito para identificar os padrões de vegetação homogénea e foi realizado de 10 a 15 de julho de 2012. Toda a floresta foi visitada com o objetivo de obter uma impressão sobre a variação interna, o estado do local e a fisionomia da vegetação. A floresta cobre uma área de 8 701 hectares que se estende até ao lago Hashenge, a oeste, com uma flora representativa variada. Com base nas informações obtidas no levantamento de reconhecimento e no estudo da composição florística da floresta de Hgumbrda (Luel Kidane *et al.,* 2010; Ermias Aynekulu, 2011), a área deste estudo foi classificada em quatro grandes comunidades de habitats florestais (sítios). A utilização do nome local de cada sítio florestal (habitat) foi adoptada neste estudo seguindo Reubens *et al.* (2007) e Zaghloul (2008). Estes sítios de comunidades florestais encontram-se em diferentes topografias e altitudes, têm diferentes tipos e níveis de intensidade de perturbações; e as espécies dominantes e caraterísticas de cada um dos quatro sítios de comunidades florestais são diferentes. A descrição e a caraterização dos quatro sítios de fisionomia florestal identificados são as seguintes

1. **Gerebshihoita/2488-601/**: Esta área é adjacente aos residentes locais e é a área mais perturbada do que as restantes, exceto as florestas da igreja localizadas no extremo norte. Ocorre em altitudes entre 2488 e 2601 m a.s.l. É dominada por um arbusto indígena chamado *Becium grandiflorum,* que é utilizado como forragem para abelhas (Fig.7.).

Figura 6. Vista parcial de Gerebshihoita dominada por *Becium grandiflorum* e muito perturbada.

2. **Ksadaider/2442-2487/**: é caracterizada por um dossel profundo de *Juniperus procera,* que serve de abrigo a muitos animais selvagens. *Olea europaea* é uma espécie caraterística. Encontra-se a uma altitude de 2442 - 2487 metros acima do nível do mar. Relativamente, é um sítio florestal bem protegido. Em raras ocasiões, os habitantes locais utilizam-na para pastagem do seu gado (Fig.8).

Figura 7. Vista parcial de Ksadaider dominada por *Juniperus procera* e raramente pastoreada por animais.

3. **Sebhiendodo/2297-2321/:** o único sítio onde *o Afrocarpus falcatus* é extremamente dominante com *Cupressus lusitanica* e *Juniperus procera* como espécies caraterísticas. É também o habitat de vários animais selvagens. Situa-se entre as altitudes de 2297 **e** 2321 metros acima do nível do mar. É uma floresta profunda bem protegida (menor intensidade de perturbação) em comparação com outras (Fig.9).

Figura.8. Vista parcial da floresta de Sebhiendodo dominada por *Afrocarpus falcatus*.

4. Bandra/2170-2218/: ocorre a baixa altitude, 2170 - 2218 m a.s.l. Houve uma perturbação por fogo há cinco anos (observações pessoais). Excecionalmente, *Opuntia ficus-indica* é considerada uma espécie excecional (http://www.smmflowers.org, 2013). É necessária uma pequena explicação sobre a consideração especial da *Opuntia ficus-indica*, embora não seja uma espécie lenhosa, porque é a mais abundante na área e o seu fruto comestível é um alimento muito popular a nível local e exportado para outras cidades da região. *Cadia purpurea* e *Acacia tortilis* são espécies caraterísticas dos estratos arbustivo e arbóreo, respetivamente. Trata-se de uma floresta aberta degradada (elevada intensidade de perturbação) utilizada pela população local para a sua subsistência e para o seu gado. Aqui, ao contrário de outras florestas, são comuns várias espécies de acácia (Fig.10).

Figura 9: Vista parcial da floresta de Bandra dominada por *Opuntia ficus-indica*.

3.2.2. Recolha de dados sobre a vegetação

A composição da vegetação em pé da floresta de Hgumbrda foi recolhida para inspecionar a semelhança entre a flora acima do solo e a flora do banco de sementes do solo. Um total de 36 quadrantes, nove quadrantes em cada um dos quatro habitats da floresta, foram dispostos aleatoriamente em intervalos de 100 m ao longo de um transecto linear de 100 m de comprimento, com um tamanho de quadrante de 20 mx20 m (400m^2), de acordo com Esmailzadeh *et al.* (2011). A altitude de cada quadrante foi registada utilizando dispositivos de sistema de posicionamento global (GPS60 e GPS315). As espécies vegetais encontradas em cada parcela de amostragem foram fotografadas e registadas pelos seus nomes vernaculares e científicos, utilizando os volumes publicados de flora of Ethiopia & Eritrea; volume 3 (Hedberg e Edwards, 1989), Flora of Ethiopia & Eritrea; volume 2, parte 1 (Edwards *et al*, 2000), Flora of Ethiopia & Eritrea; volume 2, parte 2 (Edwards *et al.*, 1995), Azene bekele (2007), software Nda (Natural Database for Africa) e páginas Web da Internet.

3.2.3 Amostragem do solo

A densidade, a diversidade, a distribuição vertical e a composição do banco de sementes do solo foram avaliadas através da recolha de 144 amostras de solo (4 camadas verticalmente sucessivas X 36 parcelas) de 36 quadrantes (9 em cada um dos quatro locais selecionados de comunidades florestais ao longo de um intervalo de 100 m de um transecto linear de 100 m de comprimento). As amostras de solo foram colhidas cuidadosamente nas 3 camadas de solo separadas, cada camada com 3 cm de espessura (0-3 cm, 3-6 cm e 6-9 cm), com uma profundidade total de 9 cm, tal como efectuado por Feyera Senbeta e Demel Teketay (2001 e 2002), utilizando uma escavadora e hastes metálicas etiquetadas (Fig. 10A). A camada de folhada foi incluída nas amostras de solo como camada 4th porque contém um elevado número de sementes (Esmailzadh *et al.*, 2011). Em seguida, as sementes persistentes em cada amostra foram contadas seguindo a metodologia utilizada por Getachew Tesfaye *et al.* (2004). As amostras foram colhidas em cinco pontos de 10 cm x 10 cm (um no centro e os outros quatro nos cantos) de cada um dos 36 quadrantes da amostra. As camadas semelhantes destes cinco pontos dentro de um quadrante foram misturadas para formar um composto de solo, a fim de reduzir a variabilidade dentro dos quadrantes. A amostra composta para cada camada de solo foi novamente dividida em cinco partes iguais, entre as quais uma foi selecionada aleatoriamente para estudo posterior.

A amostragem foi concluída no prazo de duas semanas para evitar diferenças entre habitats e, por conseguinte, qualquer enviesamento temporal na disponibilidade e composição das sementes, seguindo o método utilizado por Toledo e Ramos (2011). A recolha de amostras de solo de cada camada de solo foi efectuada para determinar as variações da distribuição de sementes na profundidade da camada de solo (Mulugeta Lemenih e Demel Teketay, 2006). As amostras de solo de cada camada foram colhidas em sacos de plástico e transportadas para o jardim do programa de Biologia da Universidade de Bahirdar.

O método utilizado no estudo foi simples. Identificar os tipos de sementes de cada amostra e contar os tipos ou germinar as sementes e identificar as plântulas de cada tipo. O primeiro, chamado método de análise de sementes (contagem de sementes), é mais fácil e mais comum do que o segundo, chamado método de análise de plântulas (emergência de plântulas) (Small e McCarthy, 2010). As amostras de solo foram primeiro peneiradas (Dainoua *et al.*, 2011) com uma malha de 2 mm e depois com uma malha de 0,5 mm para recuperar sementes de várias espécies de plantas (Fig.10.B). As sementes recuperadas foram recolhidas em sacos de papel (Fig.10.D) e levadas de volta para a área de estudo para identificação, discutindo (perguntando) com a população local (Fig.10.F) e depois verificadas com sementes da flora acima do solo (Fig.10.G) e livros (Hedberg e Edwards, 1989; Edwards *et al.*, 1995; Edwards *et al.*, 2000). Também foram utilizadas páginas da Internet para obter mais informações sobre as sementes recuperadas. Uma vez encontradas e identificadas as sementes, a sua viabilidade foi determinada utilizando o método do teste de corte segundo Eyob Tenkir (2006) (Fig. 10.H).

Uma vez que não existe uma duração máxima universalmente aceite para um teste de germinação, o teste de corte é útil para muitas espécies lenhosas profundamente dormentes para verificar a maturidade e a qualidade das sementes viáveis e é rápido e utiliza equipamentos mais baratos do que o teste de germinação. Uma vez que a germinação é altamente influenciada pelas condições ambientais (temperatura, humidade, etc.), a quebra de dormência de muitas sementes pode não ser conhecida, o que dificulta a determinação da viabilidade (https://www.com.et/searchviabilitytesting, 2013).

As amostras de solo remanescentes após a peneiração foram imediatamente espalhadas em tabuleiros de plástico rectangulares de 20 * 20 * 6 cm no viveiro da Universidade de Bahir Dar, para germinação das sementes que não foram recuperadas por peneiração. Cada tabuleiro de plástico foi perfurado no fundo e tapado com algodão para facilitar a drenagem adequada da água sem perda de solo. Para controlar e detetar a contaminação da chuva externa de sementes, foi esticado um plástico transparente fino sobre os tabuleiros de amostras (Fig.10.C), seguindo Eyob Tenkir (2006). Os tabuleiros de plântulas foram mantidos continuamente húmidos por rega diária, seguindo o método utilizado por Toledo e Ramos (2011) (Fig. 10.E); e para evitar diferenças na exposição à luz, a posição dos tabuleiros foi alterada a cada 2 semanas, seguindo o método utilizado por Esmailzadh *et al.* (2011). A temperatura diária no local do viveiro variou entre 20-30º C. As plântulas emergentes foram identificadas, contadas, registadas e descartadas. As fotografias das plântulas foram levadas para a área de estudo para serem identificadas pela população local e confirmadas por comparação com a vegetação existente. Foram tiradas informações digitais (fotografias) das plântulas para serem incluídas como representação pictórica. O recrutamento de plântulas foi terminado após 5 meses (22 de dezembro de 2012 a 22 de maio de 2013).

Figura.10. Métodos utilizados na determinação da Ssb de diferentes camadas de solo. A) Recolha de

amostras de solo de quatro camadas. B) Recuperação das sementes por peneiração. C) Espalhamento das amostras de solo num tabuleiro após peneiração. D) Colocar as sementes recuperadas em sacos de papel etiquetados. E) Rega das amostras de solo. F) Verificar a identidade das sementes recuperadas com a população local. G) Comparação e contraste entre as sementes recuperadas e as sementes da vegetação existente. H) Verificar a viabilidade das sementes através do teste de corte no laboratório.

3.2.4. Técnicas de análise de dados

Para analisar a diversidade da vegetação acima do solo, foi utilizado o índice de Shannon-Weiner (H') seguindo o método utilizado por Fordjour *et al.* (2009) e Wolde Mekuria e Mastewal Yami (2013) e também para a flora do banco de sementes do solo (Getachew Tesfaye, *et al.*, 2004; Tinsae Assefa, 2011). A riqueza de espécies (S) e a equitabilidade (E) da composição do banco de sementes do solo em cada perfil de solo foram analisadas seguindo a metodologia utilizada por Getachew Tesfaye, *et al.* (2004) e Perera (2005). O coeficiente de similaridade de Jaccards (Jcs) foi utilizado para analisar a similaridade entre a composição do banco de sementes do solo entre quatro locais da comunidade florestal (Eyob Tenkir, 2006) e com a vegetação acima do solo (Eyob Tenkir, 2006; Esmailzadh *et al.*, 2011). A análise de variância da abundância de espécies em cada camada de solo e locais de floresta foi efectuada por Anova utilizando o software Spss mais recente (versão 20), seguindo a metodologia utilizada por Mulugeta Lemenih e Demel Teketay (2006). A composição e a densidade das sementes no solo foram determinadas através da combinação dos dados obtidos por peneiração e germinação. A densidade das sementes foi obtida a partir do número total de sementes recuperadas das amostras de solo. Por outro lado, para analisar a distribuição das sementes em cada profundidade, o número de sementes recuperadas em camadas semelhantes foi combinado e convertido para fornecer a densidade de sementes/m^2 nessa profundidade específica do solo, seguindo a metodologia utilizada por Getachew Tesfaye, *et'al.* (2004) e Eyob Tenkir (2006).

Índice de diversidade de Shannon-Weiner

$$H' = [\ \textstyle\sum (Pi)\,(lnPi)\ ]$$

Onde **H'** = quantidade de diversidade, **Pi**= proporção de indivíduos da espécie 'i' na comunidade em relação ao número total de indivíduos numa amostra.

lnPi= logaritmo natural de **Pi**.

Riqueza de espécies (S): número total de espécies na comunidade.

Equilíbrio (E);

$$E = \frac{H'}{S}$$

Onde **E**= Índice de uniformidade de Shanon-weinner.

       H' = Índice de biodiversidade de **Shannon-Weiner**.

S= riqueza de espécies.

ln = logaritmo natural.

Coeficiente de semelhança de Jacard:

$$Jcs = \frac{A}{A+B+C}$$

Em que, **Jcs** é o coeficiente de semelhança de Jacard.

A=Número de espécies comuns a ambas as amostras.

B=Número de espécies na amostra B mas não na amostra C.

C = Número de espécies na amostra C mas não na amostra B.

Jcs = o valor varia entre 0 e 1; quanto mais próximo de 1, mais semelhantes são as amostras, tal como referido em Eyob Tenkir (2006) e Tinsae Assefa (2011).

Densidade do banco de sementes do solo:

Densidade do banco de sementes do solo $= \dfrac{total\ seed\ coounts\ in\ particular\ depth}{area\ of\ sample\ in\ m2 * number\ of\ quadrant}$, seguindo a metodologia utilizada

por Getachew *et al.* (2004).

Capítulo 4

4. Resultados e discussão

4.1. Composição do banco de sementes do solo e da flora acima do solo

A riqueza de espécies de plantas lenhosas da vegetação em pé foi mais do dobro da riqueza da flora do banco de sementes do solo. Foi registado um total de 54 espécies lenhosas em pé, representando 39 famílias de plantas, nos quatro habitats florestais selecionados (sítios) da área prioritária da floresta nacional de Hgumbrda, nomeadamente: Gerebshihoita, Ksadaider, Sebhiendodo e Bandra; 6, 34, 31 e 26 em cada um, respetivamente. Quase todas as espécies lenhosas acima do solo eram dominadas por arbustos seguidos de árvores, exceto as trepadeiras raras em Ksadaider e Sebhiendodo (Fig.12) e todas eram nativas da área, exceto *Cupressus lusitanica* e *Eucalyptus globulus*. Este resultado é consistente com Ermias Aynekulu (2011) que estudou a diversidade florestal em paisagens fragmentadas do norte da Etiópia. Este elevado número de arbustos indica, em parte, que a floresta está em melhor regeneração do que a anterior (Luel kidane *et al.*, 2010; Ermias Aynekulu, 2011).

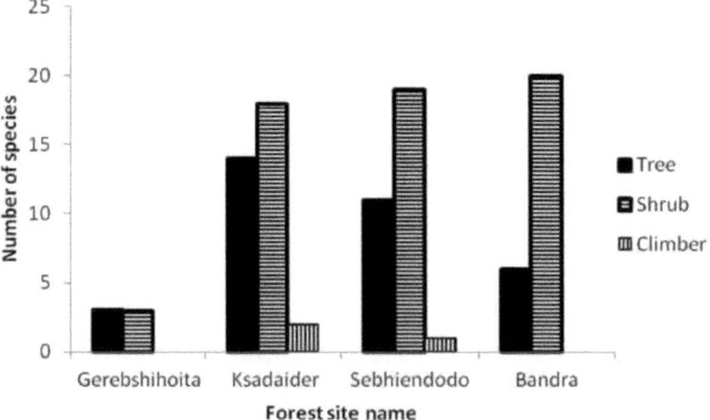

Figura.12. Número de espécies lenhosas acima do solo com o seu hábito correspondente registado nos quatro sítios florestais de Hgumbrda Nfpa.

Das 54 espécies lenhosas em pé, 35 foram representadas exclusivamente pela flora acima do solo e as restantes 19 espécies (representando 13 famílias) foram encontradas na flora do banco de sementes do solo (17 a partir da contagem de sementes e 2 a partir da emergência de plântulas). Esta descoberta de apenas duas espécies lenhosas a partir do método de emergência de plântulas é consistente com as conclusões de outros autores, como Tinsae Assefa (2011), que trabalhou na composição do banco de sementes da floresta de Bezawit no Abay Millennium Park, Etiópia. A razão para uma menor quantidade de espécies registadas pelo método de emergência de plântulas (Fig. 13) pode dever-se à recuperação da maioria das sementes pelo método de contagem de sementes, seguindo o método utilizado por Eyob Tenkir (2006), e à falta de condições climáticas adequadas para a germinação, comparáveis às da área de estudo. (Demel Teketay, 2005).

Figura.13. Plântulas de *Clutia abyssinica* e *Solanum incanum* germinadas a partir da flora Ssb.

Das 19 espécies lenhosas recuperadas no banco de sementes do solo, 5, 10, 11 e 7 foram registadas nos sítios florestais de Gerebshihoita, Ksadaider, Sebhiendodo e Bandra, respetivamente. À semelhança da floresta afromontana da Etiópia relatada por diferentes autores (Feyera Senbeta e Demel Teketay, 2002; Getachew Tesfaye *et al.*, 2004; Mulugeta Lemenih & Demel Teketay, 2006; Reubens *et al.*, 2007), a maioria destas espécies lenhosas raras registadas na flora do banco de sementes pertencia a arbustos e árvores, mas não a trepadeiras, exceto na floresta de Ksadaider (Fig.14.). Esta constatação, de um menor número de espécies lenhosas no banco de sementes, pode dever-se ao tempo de residência relativamente curto da maioria das espécies lenhosas (Demel Teketay, 2005), exceto *Juniperus procera,* que foi a espécie dominante, representando 50,5% da flora do banco de sementes. Este elevado número de sementes de *Juniperus procera* em Hgumbrda NFPA é semelhante ao resultado de outros trabalhos (Feyera Senbeta e Demel Teketay, 2002; EyobTenkir, 2006). Estes relataram uma elevada acumulação de *Juniperus procera* e um elevado potencial de regeneração a partir de sementes enterradas no solo das florestas afromontanas da Etiópia.

Outra razão provável para a minoria de sementes de espécies lenhosas que não o *Juniperus* no banco de sementes pode ser o tamanho e a natureza carnuda que atraem animais que podem afetar a germinação das sementes, abortando o fruto antes da maturação e matando a semente no trato digestivo (Rawda, 2007); e as sementes que não têm uma adaptação aparente para a dispersão podem ser corroídas por perturbações. De acordo com Eyob-Tenkir (2006), as sementes de espécies lenhosas que não têm adaptação à dispersão são transportadas na lama, nas patas dos animais; e as sementes que têm adaptação à fixação na pele são dispersas para outro local. Mulugeta Lemenih e Demel Teketay (2006) também observaram que, enquanto as sementes de espécies lenhosas permanecem à superfície, ou são atacadas por predadores ou germinam imediatamente. Tal como indicado em estudos anteriores (Feyera Senbeta & Demel Teketay, 2001; Feyera Senbeta *et al.*, 2002; Mulugeta Lemenih *et al.*, 2004; Mulugeta Lemenih & Demel Teketay, 2006), a maioria das espécies lenhosas nas florestas secas de Afromontane da Etiópia dependem da chuva de sementes e da formação de bancos de plântulas à sombra da copa da floresta madura como estratégias de regeneração.

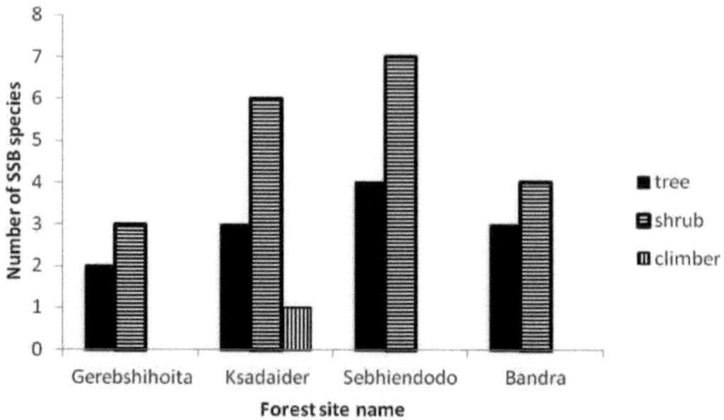

Figura.14. Número de flora lenhosa do banco de sementes do solo com o seu hábito correspondente registado em quatro habitats florestais (locais) de Hgumbrda Nfpa.

4.2. Similaridade entre a flora do banco de sementes do solo de quatro sítios florestais

A semelhança na composição de espécies do banco de sementes do solo entre os quatro sítios florestais foi geralmente baixa e variou entre valores de JCS de 0,07 (entre os sítios florestais de Gerebshihoita e Ksadaider) e 0,4 (entre os sítios florestais de Ksadaider e Sebhiendodo), conforme medido por Jcs (Quadro 1). Esta conclusão é relativamente semelhante à de alguns investigadores, nomeadamente; EyobTenkir (2006), que registou uma baixa

semelhança entre dez locais de floresta dodola na Etiópia; e Mulugeta Lemenih & Demel Teketay (2006), que registou um baixo valor de Jcs entre campos agrícolas de diferentes idades e florestas naturais de floresta tropical seca afromontana na Etiópia. Em Hugumbrda, *Afrocarpus falcatus, Dodonaoea angustifolia e Cadia purpurea* foram encontradas no banco de sementes de todos os habitats florestais, exceto no habitat florestal Gerebshihoita.

Além disso, o valor de similaridade (Jcs=0,07-0,4) do banco de sementes do solo entre os quatro habitats florestais foi relativamente baixo em comparação com o valor de similaridade (Jcs=0,21-0,43) entre Ssb e a flora acima do solo de todos os sítios florestais. Este resultado é semelhante às conclusões de diferentes autores na Etiópia (Emiru Brhane *et al.*, 2006; Mulugeta Lemenih & Demel Teketay, 2006).

Tabela.1. Coeficiente de Jaccard de similaridade na composição de espécies do banco de sementes do solo entre os quatro sítios florestais da nfpa de Hugumbrda.

	Gerebshihoita	Ksadaider	Sebhiendodo	Bandra
Gerebshihoita	-------	0.07	0.25	0.09
Ksadaider	--------	--------	0.4	0.21
Sebhiendodo	--------	--------	-------	0.29
Bandra	--------	--------	-------	----------

4.3. Similaridade do banco de sementes do solo e da flora acima do solo

Tal como foi demonstrado noutras florestas afro-montanas da Etiópia por diferentes autores (Feyera Senbeta & Demel Teketay, 2001; EyobTenkir, 2006; Mulugeta Lemenih & Demel Teketay, 2006) e fora da Etiópia, como no Norte do Irão (Esmailzadeh *et al*, 2011), a semelhança entre o banco de sementes do solo e a flora acima do solo em Hugumbrda foi muito baixa (variando de valores Jcs de 0,21 para Bandra a 0,43 para Gerebshihoita). O método de emergência de plântulas apresentou menor similaridade em comparação com o método de contagem direta de sementes (Quadro 2). A razão para uma semelhança tão fraca entre o banco de sementes do solo e a flora acima do solo pelo método de germinação em comparação com o método de contagem direta pode ser a natureza transitória das sementes, que germinam imediatamente após a dispersão em vez de permanecerem durante um longo período de tempo (Chaideftou *et al.*, 2009). Por conseguinte, pode indicar-se que este banco de sementes persistente no solo não é capaz de restaurar a vegetação existente no sítio estudado. *O Juniperus procera,* que é a espécie mais abundante no banco de sementes, foi frequentemente encontrado tanto no banco de sementes do solo como à superfície de todos os sítios florestais, exceto em Bandra. A espécie exótica, *Eucalyptus globules,* restringiu-se ao habitat florestal acima do solo de Ksadaider, mas não foi encontrada no banco de sementes do solo de todos os habitats florestais. Este resultado difere do trabalho de Mulugeta Lemenih & Demel Teketay (2006) que registou a presença de *Eucalyptus globulus* no banco de sementes do solo das florestas afromontanas da Etiópia. *Cupressus lusitanica* é a única espécie exótica registada na flora do banco de sementes de Hgumbrda Nfpa. A presença de espécies lenhosas exóticas na flora do banco de sementes pode tornar-se relativamente fonte de invasão e risco para a futura regeneração da flora nativa degradada e não degradada (Matthew *et al.*, 2004;

Ferreira *et al.*, 2006; Lehouck *et al.*, 2009; Toledo *et al.*, 2011). No entanto, a escassa distribuição da copa em pé dessas duas espécies exóticas (*Cupressus lusitanica* e *Eucalyptus globulus*) pode não afetar a capacidade de regeneração da maioria da flora nativa (Kitessa Hundera, 2010). *A Hagenia abyssinica,* que era escassa na flora acima do solo, não foi encontrada na flora do banco de sementes do solo de todos os sítios florestais. Este facto mostra que a espécie é uma das plantas na lista vermelha de extinção da área.

Tabela 2: Coeficiente de similaridade de Jaccard entre a composição de espécies do banco de sementes do solo e a vegetação acima do solo em Hugumbirda.

Nomes de Sítios florestais	Método	Espécies exclusivas da flora do banco de sementes do solo	Espécies exclusivas da flora permanente	Espécies em comum	Índice de semelhança de Jaccard	
					Para cada	Total
Gerebshihoita		2	2	3	0.43	0.43
	Contagem de sementes					

	Mudas emergência	0	0	0	0	
Ksadaider	Contagem de sementes	1	27	7	0.2	0.26
	Emergência de plântulas	0	32	2	0.06	
Sebhiendodo	Contagem de sementes	2	21	8	0.26	0.29
	Emergência de plântulas	0	28	1	0.03	
Bandra	Contagem de sementes	1	21	6	0.21	0.21
	Emergência de plântulas	0	0	0	0	

4.4. Densidade de espécies de cada flora de SSB

A densidade total de sementes nos nove centímetros superiores com a queda da folhada, tanto a partir da emergência de plântulas como do método de contagem de sementes, foi de 12.611 sementes/m^2 (12.344,4 sementes/m^2 viáveis e 266,7 sementes/m^2 não viáveis). Elas foram distribuídas como 2.833,3 sementes/m^2 em Gerebshihoita, 4.588,9 sementes/m^2 em Ksadaider, 2.644,4 sementes/m^2 em Sebhiendodo, e 2.544,4 sementes/m^2 em Bandra (Tabela 3-6). Este resultado mostrou uma densidade consideravelmente mais elevada do que a da floresta de Harenna, na Etiópia (Getachew Tesfaye *et al.*, 2004). As maiores densidades totais de sementes viáveis entre os habitats florestais foram registadas em Ksadaider (4 544,44 sementes/m^2 ; destas 79,95% eram de *Juniperus procera*) e seguidas por Gerebshihoita (2 833,33 sementes/m^2) (Fig.15).

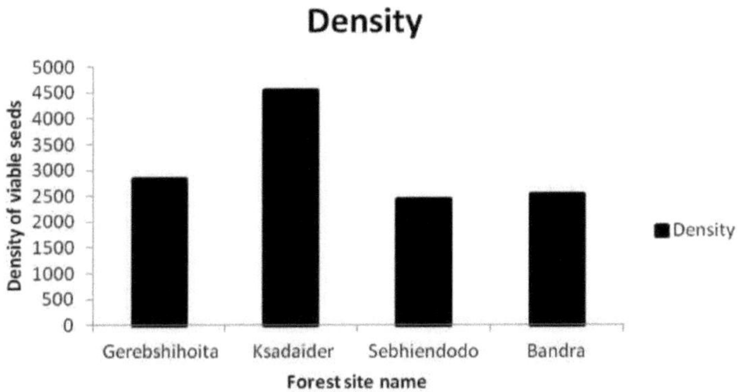

Figura.15. Densidade total de sementes viáveis em cada habitat florestal (sítio).

A densidade de sementes de *Afrocarpus falcatus* foi altamente acumulada em Sebhiendodo e todas eram inviáveis (Tabela 5). Mais de metade da densidade total do banco de sementes do solo (50,5%) era de *Juniperus procera*. Este elevado número de *Juniperus procera* é consistente com o relatório de Eyob-Tenkir (2006), que estudou a floresta de Dodola, na Etiópia. *Juniperus procera* foi a espécie com maior densidade de sementes viáveis e distribuída em todos os tipos de habitats florestais, com exceção de Bandra, o que pode ser atribuído à sua capacidade de assegurar a sua continuação e regeneração (Singh e Khurana, 2001; EyobTenkir, 2006). A densidade média de sementes de Ssb nos nove centímetros superiores com folhada variou entre 566,7 sementes/m^2 (Gerebshihoita), 458,89 sementes/m^2 (Ksadaider), 363,5 sementes/m^2 (Bandra) e 240 sementes/m^2 (Sebhiendodo). Este resultado é muito inferior ao dos sítios florestais de Menagesha-Suba e Munessa-Shashemene no centro e no sul da Etiópia (variou entre 27 200 sementes/m^2 e 82 600 sementes/m^2) e fora da Etiópia, no deserto do Sinai (264,7 sementes/m^2 e 29,66 sementes/m^2), relatados por Feyera Senbeta & Demel Teketay (2002) e Zaghloul (2008), respetivamente.

Tabela.3. Densidade de sementes de cada espécie na flora SSB da floresta Gerebshihoita

Gerebshihoita /2488 - 2601m a.s.l/	Camadas de solo				Densidade (N=9)
Espécies do método de contagem de sementes	Lf	0-3 cm	3-6 cm	6-9 cm	
Juniperus procera	72	37	18	24	1677.78
Rumex nervosus	10	16	11	16	589

Carissa edulis	1				11.11
Opuntia ficus-indica	9		1		111.11
Cupressus lusitanica	7	20		13	444.44
Total	99	73	30	53	2833.33

Tabela 4. Densidade de sementes de cada espécie na flora Ssb da floresta de Ksadaider.

Ksadaider /2442 -2487 m a.s.l/	Camadas de solo		Densidade (N=9)
Espécies do método de contagem de sementes	Lf 0-3 cm	3-6 cm	6-9 cm
Juniperus procera		1934249	433633 .33
Teclea simplicifolia		1051	177.8
Dodonaoea angustifolia	5	17	2266.7
Afrocarpus falcatus		112	44.44
Cadia purpurea	14		155.6
Phytolacca dodecandra		831	518 9

Calpurnia aurea	431	89
Espargos racemosos	1	11.11
Espécies provenientes de métodos de sementeira		
Clutia abyssinica	1	11.11
Solanum incanum	1	11.11
Total	2485659	504588 .9

Tabela.5. Densidade de sementes de cada espécie na floresta de Sebhiendodo Flora da Ssb

Sebhiendodo / 2297 - 2321 m a.s.l/	Camada do solo				Densidade (N=9)
Espécies do método de contagem de sementes	Lf	0-3 cm	3-6 cm	6-9 cm	
Juniperus procera	50	17	9	19	1055.56
Cupressus lusitanica	1	1			22.22
Afrocarpus falcatus	13		2	4	211.11

Dodonaoea angustifolia	10	8	2	4	266.7
Pterollobium stellatum	6				66.7
Rumex nervosus			2		22.22
Grewia mollis	1				11.11
Calpurnia aurea	62	6	15	2	944.44
Acácia abissínia			1		11.11
Cadia purpurea	2				22.22
Espécies do método das plântulas					
Clutia abyssinica		1			11.11
Total	145	33	31	29	2644.4

Tabela 6: Densidade de sementes de cada espécie na flora Ssb da floresta de Bandra.

Bandra /2170 - 2218m a.s.l/	Camada do solo	Densidade (N=9)

Espécies do método de contagem de sementes	Lf	0-3 cm	3-6 cm	6-9 cm	
Opuntia ficus-indica	34	16	20	12	911.11
Acácia abissínia	2				22.22
Dichrostachys cinerea	7	3		1	122.22
Dodonaoea angustifolia	100	4		3	1189
Cadia purpurea	8		2	8	200
Acácia tortilis	8				89
Afrocarpus falcatus	1				11.11
Total	160	23	22	24	2544.4

4.5. Distribuição de sementes viáveis nas camadas do solo

A densidade máxima de sementes viáveis foi registada na primeira camada de amostragem (folhada) em todos os quatro sítios florestais selecionados (Fig.16). A densidade total do banco de sementes da floresta de Sebhiendodo diminui à medida que a profundidade da camada de solo aumenta. Esta observação é consistente com alguns estudos anteriores na Etiópia (Feyera Senbeta e Demel Teketay, 2001; e Tinsae Assefa, 2011). Embora a densidade do banco de sementes tenha diminuído ampla e lentamente ao longo do gradiente de profundidade das florestas de Gerebshihoita e Bandra, respetivamente, foi registado um maior número de sementes na última camada do solo (6-9 cm) do que na camada seguinte (3-6 cm) (Fig. 16). Isto pode dever-se à atividade de enterramento dos roedores e à perturbação de outros organismos (Shrestha, 2004). No caso de Ksadaider, a segunda maior densidade de sementes foi registada na camada de 3 a 6 cm do que nas profundidades de 0 a 3 cm e de 6 a 9 cm, respetivamente. Isto pode ser atribuído à sazonalidade porque, na altura da amostragem, observou-se que o solo da floresta tinha muitas plântulas que poderiam ter germinado na profundidade de 0 a 3 cm (Fig.3). Uma menor quantidade de sementes encontradas na profundidade de 0 a 3 cm em comparação com a profundidade de 3 a 6 cm pode ser uma indicação da presença de dispersão secundária de sementes no solo por organismos subterrâneos e/ou pela variabilidade espacial da água percolada no solo (Jennifer *et al.*, 2011). Isto também pode ser o resultado de uma germinação deficiente das sementes devido ao aumento da profundidade; assim, as sementes acumularam-se em profundidades inferiores do solo em vez de germinarem. O aumento da profundidade do solo pode prejudicar a germinação das sementes por alterando a humidade, o ar, a luz e a temperatura, fazendo com que as sementes permaneçam num estado de dormência durante muito tempo (Singh e Khurana, 2001; Gutterman *et al.*, 2007).

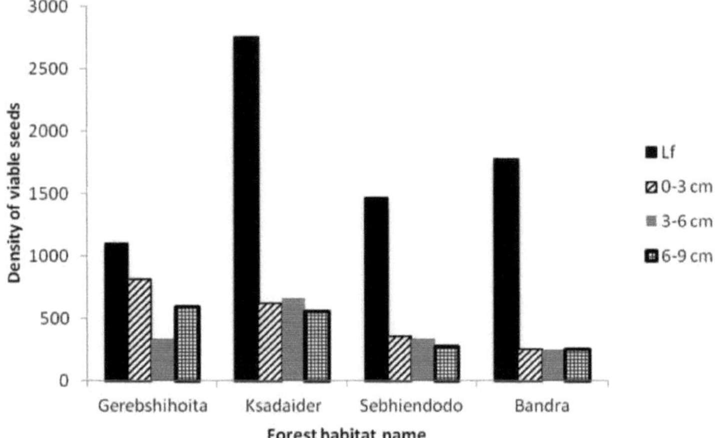

Figura.16. Distribuição de sementes em cada camada de solo de quatro sítios florestais de Hgumbrda Nfpa.

Variação na distribuição de sementes viáveis de (*Juniperus procera, Calpurnia aurea, Rumex nervosus, Phytolacca dodecandra, Dichrostachys cinerea, Acacia tortilis, Opuntia Ficus-indica* e *Pterollobium stellatum*) entre sítios florestais, (*Juniperus procera, Cadia purpurea, Acacia tortilis* e *Pterollobium stellatum*) nas camadas do solo e a interação entre o local da floresta e as camadas do solo para (*Calpurnia aurea, Acacia tortilis, Pterollobium stellatum* e *Acacia abyssinica*) foi significativamente diferente (p<0.5) (Apêndice 7). Esta diferença na distribuição de sementes viáveis pode indicar diferenças entre espécies em termos de longevidade das sementes no solo, modo de dispersão das sementes e predação das sementes (Eyob Tenkir, 2006).

4.6. Riqueza de espécies, diversidade e uniformidade da flora acima do solo

A riqueza, diversidade e regularidade das espécies acima do solo na área de estudo foi de 54, 3,15 e 0,058, respetivamente. Para dar uma imagem geral das espécies da floresta de Hgumbrda, os resultados do presente estudo foram comparados com os resultados de outras florestas da Etiópia. Assim, a floresta de Hgumbrda é menos rica em espécies, menos diversificada e relativamente irregular em comparação com Menagesha-Suba (Lemma Etefa, 2011), Chato (Feyera Abdena, 2010) e Gurafereda (Dejenie Abere, 2011). É, no entanto, mais diversificada do que Tara Gedam e Abebaye (Haileab Zegeye *et al.*, 2011) e do que as terras de pastagem de espécies lenhosas no norte da Etiópia (Wolde Mekuria e Mastewal Yami, 2013).

4.7. Riqueza de espécies, diversidade e uniformidade da flora da Ssb

O índice de diversidade de Shannon demonstra um valor baixo para a diversidade de Ssb em Hgumbrda Nfpa (H'=1,763154) (Tabela 7). Uma vez que o estudo incluiu apenas espécies lenhosas, o resultado não foi consistente com outros trabalhos (Emiru Brhane *et al.*, 2006) que registaram uma diversidade relativamente elevada (H'=2) na zona oriental de Tigray, na Etiópia. Também foi inferior a outras florestas etíopes estudadas, como Harenna (Getachew Tesfaye *et al.*, 2004); mas superior à floresta de Bezawit (Tinsae Assefa, 2011). Comparativamente, o valor máximo de diversidade foi observado em Gerebshihoita (1,38222), seguido de Ksadaider (1,11079) e Sebhiendodo (1,09783); mas pouco valor em Bandra (0,9428). A diversidade relativamente mais elevada de todos os sítios florestais estudados foi encontrada na camada de folhada, seguida de 0-3 cm e 6-9 cm, respetivamente. De um modo geral, a riqueza de espécies diminuiu ao longo das camadas do solo, com valores iguais nas últimas camadas do solo (isto é, 3-6 cm e 6-9 cm têm 10 espécies cada) em todos os sítios florestais (Quadro 7).

Por outro lado, o índice de uniformidade de Shannon (E) não teve valor consistente entre a camada de solo de cada hábito florestal; mas totalmente visto como liteira>0-3 cm>6-9 cm>3-6 cm.A uniformidade geral de SSB foi de 0,092798, que é menor do que a uniformidade em cada quatro sítios florestais (Tabela.7). Isto pode dever-se à variação da chuva de sementes e à deterioração das sementes de diferentes tipos de vegetação em pé entre os quatro sítios florestais (Perera, 2005). Este resultado é muito baixo em comparação com a floresta de Harenna na Etiópia (Getachew Tesfaye *et al.*, 2004); e um estudo efectuado fora da Etiópia por Perera (2005) em florestas tropicais semnidecíduas de Sirilanka. Segundo Perera, a equidade nas florestas semidecíduas de Sirilanka variava entre 0,2 e 0,4, o que é mais elevado do que na floresta de Hgumbrda. Relativamente ao índice de regularidade entre os quatro sítios, este variou entre o máximo em Gerebshihoita e o mínimo em Sebhiendodo. Dos quatro locais da floresta, o índice mais elevado de diversidade de Shannon e de regularidade foi registado em Gerebshoita (Quadro 7), o que mostra o melhor estado deste local da floresta em comparação com os outros locais da floresta de Hugumbrda. Da mesma forma, a diferença na magnitude e intensidade das perturbações pode contribuir para a variação na diversidade e equitabilidade da Ssb (Kellerman, 2004; Taye Jara, 2006; Eliana *et al.*, 2012)

Tabela 7: Riqueza, diversidade e equidade das espécies Ssb da floresta de Hgumbrda.

Nome do sítio florestal	Camadas de solo	S	H'	E
Gerebshihoita/2488-2601m	Camada de areia	5	0.9149	0.182979
a.s.l/	0-3 cm	3	0.8655	0.2885
	3-6 cm	3	0.45109	0.150364
	6-9 cm	3	0.79704	0.265681
	Total	5	1.38222	0.276445
Ksadaider/2442-2487 m a.s.l/	Camada de areia	8	0.89239	0.111549
	0-3 cm	7	0.07188	0.010269
	3-6 cm	6	0.68546	0.114243
	6-9 cm	3	0.48872	0.162907

	Total	10	1.11079	0.111079
Sebhiendodo/2297-2321ma. s.l/	Camada de areia	8	1.39059	0.173824
	0-3 cm	5	1.20709	0.241418
	3-6 cm	6	1.35158	0.225263
	6-9 cm	4	1.00795	0.251988
	Total	11	1.09783	0.099803
Bandra / 2170-2218 m a.s.l/	Camada de areia	7	1.14585	0.163693
	0-3 cm	3	0.82234	0.274115
	3-6 cm	2	0.30464	0.152318
	6-9 cm	4	1.10513	0.276282
	Total	7	0.9428	0.134686
Todos os habitats florestais (Hgumbrda	Camada de areia	17	1.719107	0.101124
NFPA)	0-3 cm	12	1.671954	0.13933
	3-6 cm	10	1.495762	0.149576
	6-9 cm	10	1.575576	0.157558

	Total	19	1.763154	0.092798

4.8. Teste de viabilidade para espécies nativas e exóticas da flora de SSB

Os resultados do teste de viabilidade (teste de corte) e do método de emergência de plântulas revelaram que quase todas as sementes da flora de Ssb (18 espécies = 97,88%) eram viáveis, exceto as sementes de *Afrocarpus falcatus* (2,11%) (Quadro 8). Uma vez que o grande dossel de vegetação acima do solo de Sebhiendodo era dominado por *Afrocarpus falcatus* e alguns *Cupressus lusitanica*, há falta de luz no solo da floresta, o que pode ser a razão da morte das sementes. O efeito alelopático de espécies exóticas (*Cupressus lusitanica*) na Ssb (Toledo e Ramos, 2011; Gioria *et al.*, 2012) também pode contribuir para a inviabilidade das sementes de *Afrocarpus falcatus*. Além disso, as doenças fúngicas transmitidas por sementes na Ssb de *Afrocarpus falcatus* podem ter uma grande contribuição (Abdella Gure, 2004).

Do total de 1.135 sementes verificadas quanto à viabilidade, apenas 42 sementes (3,7%) eram sementes viáveis não nativas/exóticas de *Cupressus lusitanica*. As restantes 1093 sementes (97%) eram sementes viáveis de espécies nativas (Quadro 8). Das 42 sementes de *Cupressus lusitanica*, 95,24% foram encontradas em Gerebshihoita, que se situa muito próximo das aldeias (com 47,6% na camada de solo de 0-3 cm) (Quadro 3). Isto pode dever-se ao cultivo da espécie pela fábrica de painéis de partículas Maichew, situada a 20 km da área de estudo, e à comunidade que reside nestas áreas.

As 573 sementes viáveis (50,5 %) de espécies nativas pertenciam a *Juniperus procera,* que era muito dominante nas SSB e na vegetação acima do solo. O facto de haver mais sementes viáveis de SSB pode indicar que tem mais oportunidades de regeneração a partir da flora de Ssb (Singh e Khurana, 2001; El-Juhany *et al.*, 2009). *Dodonaoea angustifolia* (155 sementes=13,66%) foi a segunda espécie nativa viável mais abundante, seguida de *Calpurnia aurea* (93 sementes=8,17%) e *Opuntia ficus-indica* (92 sementes=8,11), respetivamente. *Opuntia ficus-indica* foi dominante tanto na SSB como na flora acima do solo de Bandra (a altitude mais baixa = 2170 - 2218m) e também foram registadas poucas sementes de um local muito distante em Gerebshihoita (a altitude mais elevada = 2488 - 2601m). Esta dispersão de longo curso pode ser a consequência da recolha e importação pelas populações locais de frutos e folhas comestíveis de *Opuntia ficus-indica* para si e para o seu gado (Zemu Gebre-Egziabher, 2011) de Bandra para Gerebshihoita e outras florestas próximas. *Grewia mollis, Solanum incanum, Asparagus racemosus, Carissa edulis/spinarum/* foram as espécies com menor quantidade de sementes viáveis (1 semente=0,088% para cada). As sementes destas espécies podem ser facilmente decompostas e também predadas e dispersas a uma distância muito grande (Singh e Khurana, 2001; Demel Teketay, 2005; Eyob Tenkir, 2006; Levey *et al.*, 2008) ou germinar imediatamente (Kellerman, 2004; Pullo, 2005; Mulugeta Lemineh & Demel Teketay, 2006; Johansmier, 2009).

Tabela 8. Sementes viáveis e não viáveis de espécies nativas e exóticas na floresta de Hugumbrda

Lista de espécies exóticas e autóctones viáveis	sementes viáveis	Sementes não viáveis	Total de sementes
Juniperus procera	573	-	573
Dodonaoea angustifolia	155	-	155

Calpurnia aurea	93	-	93
Opuntia ficus-indica	92	-	92
Rumex nervosus	55	-	55
Cupressus lusitanica £	42	-	42
Cadia purpurea	34	-	34
Phytolacca dodecandra	17	-	17
Teclea simplicifolia	16	-	16
Dichrostachys cinerea	11	-	11
Acácia tortilis	8	-	8
Pterollobium stellatum	6	-	6
Acácia abissínia	3	-	3

Clutia abyssinica*	2	-	2
Solanum incanum*	1	-	1
Espargos racemosos	1		1
Grewia mollis	1	-	1
Carissa edulis	1		1
Afrocarpus falcatus	-	24	24
Montante total	111	24	1135

Símbolos = (*= única espécie obtida pelo método de emergência de plântulas), (£= espécies exóticas).

4.9. Implicações e potencialidades da flora da Ssb para o estado de regeneração

Com exceção de *Afrocarpus falcatus,* todas as espécies (18) possuíam sementes viáveis. As espécies que têm muitas sementes viáveis vão desde *Juniperus procera* a espécies com poucas sementes (*Solanum incanum, Asparagus racemosus, Grewia mollis e Carissa edulis)* (tabela 8). O potencial de regeneração pode depender do número de sementes viáveis, porque as espécies com mais sementes viáveis terão mais oportunidade de regenerar. Pelo menos uma das sementes pode ter a maior hipótese de regenerar, mas essa hipótese é limitada no caso de espécies com poucas sementes (Kellerman, 2004; Pullo, 2005; Demel Teketay, 2005; Eyob Tenkir, 2006). De acordo com Demel Teketay (2005), quanto mais sementes viáveis de espécies existirem na SSB, maiores serão as hipóteses de espécies potencialmente regeneradas na flora da Ssb. (ou seja, desde *Juniperus procera* até *Carissa edulis)* (Quadro 8). Não é de esperar que outras espécies exóticas e alóctones regenerem a partir de SSB da área de estudo, exceto a espécie exótica *Cupressus lusitanica.* Geralmente, o teste de viabilidade implica que todas as espécies viáveis de SSB podem ter o potencial de se regenerar (recrutar) se e somente se as espécies obtiverem condições adequadas e naturalmente favorecidas (Singh e Khurana, 2001; Demel Teketay 2005; Abella & Springer, 2012). Mas as espécies exclusivas da flora acima do solo que estão ausentes da SSB estão em risco de regeneração potencial, a menos que sejam propagadas vegetativamente (Kellerman, 2004; Demel Teketay 2005; Pullo, 2005; Reubens *et al.,*

2007; Johansmeier, 2009); especialmente *Becium grandiflorum*, que era um arbusto indígena muito dominante; e *Hagenia abyssinica*, que era uma árvore pouco frequente em Gerebshihoita. Estas espécies não tinham sementes viáveis ou não viáveis em SSB. Este facto pode dever-se à utilização alimentar e medicinal de *Becium grandiflorum* pela população local (Nurya Abdurrahman, 2010; Alemtsehay Teklay, 2011; Haftom Gebremedhn e Tesfay Belay, 2012), uma vez que as pessoas não esperam que produza sementes. A ausência de *Hagenia abyssinica* na SSB pode dever-se à elevada perturbação antropogénica que a utiliza como medicamento (Nurya Abdurrahman, 2010).

Conclusão e recomendação

O resultado da avaliação do banco de sementes do solo de espécies lenhosas em Hgumbrda Nfpa revelou que as espécies registadas no banco de sementes do solo em comparação com a flora existente eram muito baixas. Por conseguinte, é possível concluir que o banco de sementes do solo persistente não é capaz de restaurar a vegetação existente nos sítios estudados. Por isso, se a degradação da vegetação atual continuar, como observado pelas ações atuais dos assentados na borda da floresta, a sua recuperação através da regeneração a partir da Ssb pode exigir um longo período de tempo.

Por outro lado, *Juniperus procera* não só acumula mais sementes viáveis no banco de sementes do solo, como também tem um maior número de populações de plantas em pé na flora acima do solo de Hgumbrda Nfpa. Como resultado, a restauração desta espécie lenhosa pode ser fácil e rápida. O mesmo se aplica ao resto da flora da SSB, exceto *o Afrocarpus falcatus*, que não tem sementes viáveis no solo, o que pode levar a um risco de regeneração. Não foi registada qualquer espécie exótica na flora de SSB de Hgumbrda Nfpa, exceto uma espécie exótica, *Cupressus lusitanica.*

A semelhança entre a flora de SSB e a flora acima do solo é muito baixa, o que mostra que a regeneração de espécies exclusivas da flora acima do solo é muito difícil, a não ser que se proceda à plantação artificial de plântulas e a estratégias de gestão das plantas. *O Becium grandiflorum,* que é uma forragem essencial para as abelhas e um arbusto muito dominante apenas na flora de Gereb-Shoita (altitude mais elevada), estava totalmente ausente na flora de SSB. *A Hagenia abyssinica*, que é uma espécie indígena, não foi registada nos bancos de sementes do solo, exceto em árvores maduras pouco comuns na flora acima do solo. Isto mostra que é necessária uma atenção especial na regeneração desta espécie para que não se perca da área de estudo num futuro próximo.

Com base nos resultados obtidos no estudo, são apresentadas as seguintes recomendações:

- ❖ Uma vez que o limite noroeste da floresta de Hgumbirda está a ser degradado por uma fábrica chamada Maichew Particle Board, a 20 km da área de estudo, devem ser realizadas acções de plantação e gestão de mudas para compensar as espécies perdidas.

- ❖ *A Hagenia abyssinica*, que é uma espécie indígena importante e ameaçada de extinção, não foi registada nos bancos de sementes. É necessária uma atenção especial para a regeneração das espécies. O estabelecimento de viveiros poderia ser um mecanismo.

- ❖ Para as espécies que carecem de sementes na Ssb, recomenda-se a adoção de estratégias de gestão em vez de depender apenas da sucessão natural proveniente da Ssb e/ou da chuva de sementes.

- ❖ Recomenda-se a realização de mais estudos para descrever as taxas de predação, os mecanismos de dispersão, a chuva de sementes e a ecologia temporal da germinação de Ssb de Hgumbrda Nfpa.

- ❖ Os ecologistas, biólogos e outros profissionais do sector devem prestar atenção ao estudo da dinâmica da Ssb, uma vez que esta é importante para a manutenção da diversidade de espécies e da estabilidade dos ecossistemas.

- ❖ Hgumbrda, é um dos maiores retalhos que restam na manutenção das condições climáticas da parte norte do país. É também uma zona relativamente rica em biodiversidade. Por isso, o governo e a população devem empenhar-se sem reservas na conservação da vegetação da zona. A este respeito, a participação dos utilizadores dos recursos (as populações locais) deve ser reforçada, sensibilizando-os para a importância da conservação.

- ❖ As bordas adjacentes, especialmente a parte oriental da floresta/Bandra/, devem ser rigorosamente controladas contra perturbações antropogénicas, tal como o resto da floresta.

Referências

Abdella Gure. (2004). Fungos transmitidos por sementes das espécies de árvores afromontanas *Podocarpus falcatus* e *Prunus africana* na Etiópia. Tese de doutoramento, Universidade Sueca de Ciências Agrícolas, Uppsala, Suécia.

Abella, S.R., e Springer, J.D. (2011). Banco de sementes do solo em uma paisagem de floresta de coníferas maduras: dominância de plantas perenes nativas e baixa variabilidade espacial. *Seed Science Research,* **22:**207-217.

Alemtsehay Teklay. (2011). Disponibilidade sazonal da flora das abelhas comuns em relação ao uso do solo e ao desempenho das colónias na bacia hidrográfica de Gergera, distrito de Atsbi Wembwrta, zona oriental de Tigray, Etiópia. Dissertação de mestrado, Universidade de Hawassa, Faculdade de Silvicultura e Recursos Naturais de Wondo Genet, Wondo Genet, Etiópia.

Azene Bekele. (2007). Árvores e arbustos úteis para a Etiópia. Identificação, propagação e gestão para 17 zonas agro-climáticas (revisto.,p.552).Nairobi: Relma em ICRAF. Projeto.

Birhanu Kebede. (2010). Composição Florística e Análise Estrutural da Floresta Montana Perenifólia Seca de Gedo, Zona Oeste de Shewa do Estado Regional Nacional de Oromia, Etiópia Central. Mestrado em Biologia (Ciências Botânicas), Adis Abeba, Etiópia.

Carlo, T.S.A., e Aukema, J.E. (2005). Dispersão dirigida por fêmeas e facilitação entre um visco tropical e um hospedeiro dioico. *Ecologia,* **86**: 3245-3251.

dChaideftou, E., Thanos, C.A., Bergmeier, E., Kallimanis, A., e Dimopoulos, P. (2009). Composição do banco de sementes e vegetação acima do solo em resposta ao pastoreio em florestas de carvalho sub-mediterrânicas (NW Grécia). *Ecologia Vegetal,* **201:**255-265.

Chang, E.R., Jefferies, R.L., Carleton, T.J. (2001). Relação entre a vegetação e o banco de sementes do solo num pântano costeiro ártico. *Ecology,* **89**: 367-384.

Csontos, P., e Tamas, J. (2003). Comparações dos sistemas de classificação do banco de sementes do solo. *Seed Science Research* **13:** 101-111.

Dainou, K., Bauduin, A., Bourland, N., Gillet, J.F., Feteke, F., Doucet, J.L. (2011). Caraterísticas do banco de sementes do solo nas florestas tropicais dos Camarões e implicações para a recuperação florestal pós-abate. *Engenharia Ecológica,* **37***: 1499-* 1506.

Dejenie Abere. (2011). Impacto da reinstalação em espécies de plantas lenhosas e meios de subsistência locais: o caso de Gurafereda Woreda na zona de Bench maji, sudoeste da Etiópia. Uma tese apresentada aos estudos de pós-graduação da Universidade de Adis Abeba em cumprimento parcial dos requisitos para o grau de Mestre em Ciências Ambientais, Adis Abeba, Etiópia.

Demel Teketay. (2005). Produção de sementes - estrutura populacional, ecologia de sementes e regeneração em florestas secas de Afromontane da Etiópia: *Tropical Ecology,* **46**: 29 - 44.

Dugdale, JS. (1964). Climas de vegetação e vegetação: O estado do nosso conhecimento atual. *Semitic Studies,* **9**:250-256.

Edwards, S., Mesfin Tadesse e Hedeberg, I. (1995). Flora of Ethiopia and Eritrea, Vol. 2, parte 2, Herbário Nacional, Universidade de Adis Abeba, Uppsala.

Edwards, S., Mesfin Tadesse, Sebsebe Demissew e Hedeberg, I. (2000). Flora of Ethiopia and Eritrea, Vol. 2, parte 1, Herbário Nacional, Universidade de Adis Abeba, Uppsala.

Eliana, K.B., Gholz, H. L., e Duryea, M.L. (2012). Plant Succession and Disturbances in the Urban Forest Ecosystem, universidade da Flórida, extensão IFAS.

El-Juhany, L.I., Aref, I.M., e Al-Ghamdi, M.A. (2009). A possibilidade de melhorar a regeneração de zimbro nas florestas naturais da Arábia Saudita. *Ciência aplicada mundial,* **7**: 126133.

Emiru Brhane, Demel Teketay e Barklund, P. (2006). Contribuição real e potencial dos recintos para aumentar a biodiversidade de espécies lenhosas nas terras secas de Tigray Oriental. *Dry lands,* **1(2)**: 134-147.

Ermias Aynekulu. (2011). diversidade florestal em paisagens fragmentadas do norte da Etiópia e implicações para a conservação.AAU.doctoral Dissertation.

Esmailzadeh, O., Hosseini, S.M., e Tabari, M. (2011). Relação entre o banco de sementes do solo e a vegetação acima do solo de uma floresta temperada misto-decídua no norte do Irão. *Agricultural Science Technology,* **13***:* 411-424.

Eyob Tenkir. (2006).Estudo do banco de sementes do solo e avaliação da regeneração natural de espécies lenhosas na floresta seca afro-montanhosa de Dodola e nas montanhas de Bale. Dissertação de Mestrado em Biologia (Ciências Botânicas) Aau, Addis Abeba.

Fao. (2010). Informações e dados florestais da Etiópia. Avaliação global dos recursos florestais. I FAO Forestry Paper no prelo, Departamento Florestal da FAO.

Ferreira, V., Elosegi, A., Gulis, V., Pozo, J., Graça, M. A. (2006). As plantações de eucalipto afectam as comunidades fúngicas associadas à decomposição de folhada em ribeiros ibéricos. *Archiv fur Hydrobiologie,* **166**: 467-490.

Feyera Abdena. (2010). Composição florística e estrutura da vegetação da floresta natural de chato na zona de Horo guduru Wollega, estado regional nacional de Oromia, oeste da Etiópia. Tese de mestrado Aau.

Feyera Senbeta & Demel Teketay. (2001). Regeneração de espécies lenhosas indígenas sob a copa de plantações de árvores na Etiópia Central. *Tropical Ecology,* **42**: 175-185.

Feyera Senbeta e Demel Teketay. (2002). Soil seed banks in plantations and adjacent natural dry Afromontane forests of central and southern Ethiopia. *Tropical Ecology,* **43**: 229-242.

Feyera Senbeta, Demel Teketay & Naslund, B.A. (2002). Regeneração de espécies lenhosas nativas em plantações de árvores exóticas na floresta de Munessa-Shashamane, no sul da Etiópia. *New Forests,* **24**: 131-145.

Fordjour, P.A., Obeng, S., Anning, A.K., e Addo, M.G. (2009). Composição florística, estrutura e regeneração natural numa floresta semi-decídua húmida após perturbações antropogénicas e invasão de plantas. *Biodiversidade e Conservação,* **1**: 021-037.

Getachechew Tesfaye, Demel Teketay, Yoseph Assefa e Masresha Fetena. (2004). O impacto do fogo na regeneração do banco de sementes do solo da floresta de Harena, no sudeste da Etiópia *Mountain Research and development,* **24**: 354-361.

Gioria, M., Pysek, P., & Moravcova, L. (2012): Bancos de sementes do solo em invases de plantas: promovendo a invaso de espcies e o impacto a longo prazo na dinmica da comunidade vegetal. *Preslia,* **84**: 327-350.

Gutterman, Y., Gendler, T., e Huang, Y. (2007). Estratégias de dispersão de plantas, distribuição do banco de sementes e germinação de espécies do deserto de Negev. *Ecology,* **42**: 411-426.

Haftom Gebremedhn e Tesfay Belay. (2012). Efeito da poda nos padrões vegetativos e de floração de *Becium grandiflorum. Investigação pecuária para o desenvolvimento rural,* **24**: 1-7.

Haileab Zegeye, Demel Teketay, e Ensermu Kelbessa. (2011). Diversidade e estado de regeneração de espécies lenhosas nas florestas de Tara Gedam e Abebaye, no noroeste da Etiópia. *Forestry Research,* **22**:315-328.

Harper, J.L. (1977). Population biology of plants. Imprensa académica, Londres, 8.

Hedberg, I., e Edwards, S. (1989). Flora of Ethiopia and Erittrea, Vol.3. O Herbário da Universidade de Adis Abeba, Adis Abeba e Universidade de Uppsala, Uppsala.

Hirsch, B.T., Veronica, R.K., Pereira, E., e Jansen, P.A. (2012). Dispersão direcionada de sementes para áreas com baixa densidade de árvores conspecíficas por um roedor dispersor. *Ecology Letters.***1:1-7.**

Ibc (Instituto de Conservação da Biodiversidade). (2005). Estratégia nacional de biodiversidade e plano de ação. Adis Abeba, Etiópia 5-17.

Ibc. (2008). Ethiopia: Second Country Report on the state of Pgrfa to Fao. Addis Ababa, Etiópia 9-15.

Ibc. (2009). Convenção sobre a Diversidade Biológica (Cbd) 4º Relatório Nacional da Etiópia. Adis Abeba, Etiópia 3-41.

Jennifer, N., Mukhongo, J.I., Chira, R.M., e Musila, W. (2011). Avaliação do banco de sementes do solo de seis tipos de vegetação diferentes na floresta de Kakamega, Quénia Ocidental. *Biotecnologia Africana,* **10**:14390-14391.

Johannsmeier, A.E. (2009). Estratégias de banco de sementes num ecossistema do Kalahari em relação ao pastoreio e aos habitats. África do Sul. Apresentado em cumprimento parcial do grau de Magister Scientiae na Faculdade de Ciências Naturais e Agrícolas do Departamento de Fitotecnia da Universidade de Pretória, Pretória.

Kalayu Yirga. (2011). Prevalência de infecções parasitárias intestinais e factores de risco contribuintes em crianças em korem e arredores, sul de Tigray, Etiópia. Dissertação de mestrado. Universidade de Bahir Dar.

Kellerman, M.J.S. (200). Seed bank dynamics of selected vegetation types in Maputaland,

South Africa, Apresentado em cumprimento parcial do grau de magister Scientiae, Departamento de Botânica, Universidade de Pretória, Pretória.

Kitessa Hundera. (2010). Estado da Regeneração de Espécies de Árvores Indígenas sob Plantações Exóticas na Floresta de Belete, Sudoeste da Etiópia. *Ethiopian Science.* 5:19-28

Lema Etefa. (2011). Composição florística e diversidade de plantas herbáceas com flor na floresta estatal de Menagesha Suba, região de Oromia, Etiópia. Dissertação de mestrado em biologia vegetal e gestão da biodiversidade, Universidade de Adis Abeba.

Lehouck, V., Spanhove, T., Alemu Gonsamo, Cordeiro, N., Lens, L. (2009). Efeitos espaciais e temporais no recrutamento de uma árvore da floresta de Afromontane num ecossistema fragmentado ameaçado. *Conservação biológica,* **142**: 518 -528.

Levey, D.J., Tewksbury, J.J., e Bolker, B.M. (2008). Modelação da dispersão de sementes a longa distância em paisagens heterogéneas. *Ecology,* **96**: 599-608.

Lopez, M.A., Luis, C.E., Fillat, F., Bermudez, F.F. (2000). Composição florística da vegetação estabelecida e do banco de sementes do solo em comunidades de pastagens sob diferentes regimes de gestão tradicional. *Agricultura, Ecossistemas e Ambiente,* **78**: 273 - 282.

Luel Kidane Woldemichael, Tamrat Bekele e Sileshi Nemomissa. (2010). Composição da Vegetação na Área Prioritária da Floresta Nacional de Hugumbrda-Gratkahsu, Tigray Sul. *Momona Ethiopian Journal of Sciences,* **2**:*27-48.*

Matthew, L., Brooks, C.M., D'antonio, D.M., Richardson, J.B., Grace, J.E., Keeley, J.M., Ditomaso, R.J., Hobbs, M.P., e David, P. (2004). Effects of Invasive Alien Plants on Fire Regimes (Efeitos de Plantas Exóticas Invasoras nos Regimes de Fogo). *Bioscience,* **54:677-688**.

Misgina Gebrehiwot (2006). Avaliação dos desafios do abastecimento de água rural sustentável: O caso de Ofla Woreda na região de Tigray. In Partial Fulfillment for the Degree of Master of Arts (M.A. Degree), in Regional and Local Development Study (RLDS), AAU, Addis Ababa, Ethiopia.

Mulugeta Lemenih e Demel Teketay. (2006). Alterações na composição e densidade do banco de sementes do solo após a desflorestação e subsequente cultivo de uma floresta tropical seca de Afromountane na Etiópia. *Tropical Ecology,* **47**: 1-12

Mulugeta Lemenih, Taye Gidyelew & Demel Teketay. 2004. Effects of canopy cover and understory environment of tree plantations on richness, desnisty and size of colonizing woody species in southern Ethiopia. *Forest Ecology and Management,* **194**: 1-10.

Nurya Abdurahman. (2010). Um estudo etnobotânico de plantas medicinais utilizadas pela população local em Ofla Woreda do Sul de Tigray, Norte da Etiópia. Dissertação de mestrado. Tese de Mestrado, Aau, Adis Abeba, Etiópia.

Perera, G.A. (2005). Diversidade e dinâmica do banco de sementes do solo em florestas tropicais semidecíduas do srilanka. *Tropical Ecology,* **46**: 65-78.

Pullo, A.L. (2005). Efeito do isolamento na composição do banco de sementes do solo em Atherton Tableland, nordeste de Queensland, Austrália. Tese de mestrado em Ciências das Plantas Tropicais na Escola de Biologia Tropical, Universidade James Cook.

Rawda, S. (2007). Banco de sementes de estrume de gado em Weberi Addis Ababa, Etiópia. Dissertação de Mestrado, Universidade de Adis Abeba, Escola de Estudos Graduados.

Reubens, B., Heyn, M., Kindeya Gebrehiwot, Hermy, M., e Muys, B. (2007). Bancos de sementes persistentes no solo para a reabilitação natural de florestas tropicais secas no norte da Etiópia. *Tropicultura,* **25**: 204-214.

Schmitt, C.B., Denich, M., Sebsebe Demissew, Friis, I.B., & Boehmer, H.J. (2010). Diversidade florística em florestas tropicais fragmentadas de Afromontane: Variação altitudinal e importância para a conservação. *Ciência da Vegetação Aplicada,* **13**: 291-304.

Sfcdd. (1997). Identificação da Base de Recursos Florestais da Etiópia, Conservação e Utilização Racional na Etiópia. Departamento Estatal de Conservação e Desenvolvimento Florestal, Adis Abeba.

Shrestha, A. (2004). Weed seed return and future weed management. Universidade da Califórnia, Programa IPM em todo o Estado, Centro Agrícola de Kearney, Parlier.1-3.

Simpson, R.L., Leck, M.A., e Parker, V.T. (1989). Bancos de sementes: conceitos gerais e questões metodológicas. Ecology of Soil Seed Banks. Academic Press.

Singh, J.S., e Khurana, E. (2001). Ecologia de sementes e plântulas de árvores: Implications for tropical forest conservation and restoration. *Current Science,* **80**:748-757.

Small, C.J., e McCarthy, B.C. (2010). Variação do banco de sementes em condições contrastantes de qualidade do sítio em florestas mistas de carvalhos do sudeste do Ohio, EUA. *Investigação Florestal Internacional,* **1**: 113.

Snyman, H. (2010). Longevidade das sementes de gramíneas numa pastagem semi-árida. *The grass land society,* **10**:8-15.

Taye Jara. (2006). Regeneração e dinâmica das clareiras na floresta afromontana das montanhas de Bale. Uma tese apresentada à escola de estudos de pós-graduação, Universidade de Adis Abeba, Adis Abeba, Etiópia.

Tesema Zewdu Kebede, Willem, F., Robert, D., Baars, M. T., e Prins, H.H.T. (2012). A influência do pastoreio nos bancos de sementes do solo determina o potencial de restauração da vegetação acima do solo em uma savana semi-árida da Etiópia. *Biotropica,* **44**: 211-219.

Thulin, M. (2007). Espécies de Acacia fumosa (Fabaceae) do leste da Etiópia. *Nordic Botany,* **25**:272-274.

Tinsae Assefa. (2011). Avaliação da composição do banco de sementes do solo no Parque do Milénio Bezawit Abay Bahirdar Etiópia. Dissertação de mestrado, Universidade de Bahirdar.

Toledo, L.L., e Ramos, M.M. (2011). O banco de sementes do solo em pastagens tropicais abandonadas: fonte de regeneração ou invasão? *Biodiversidade,* **82**: 663-678.

USAID/Agência dos Estados Unidos para o Desenvolvimento Internacional/. (2008). Avaliações da biodiversidade e das florestas tropicais da Etiópia 118/119. Análise da Biodiversidade e Apoio Técnico para a USAID/África. Ordem de trabalho-02. 2-15.

Wang, B.C., e Smith, T.B. (2002). Closing the seed dispersal loop. *Tendências em Ecologia e Evolução,* **17**: 379-385.

Wolde Mekuria e Mastewal Yami (2013). Mudanças na composição de espécies lenhosas após o estabelecimento de exclusões em terras de pastagem nas terras baixas do norte da Etiópia. *Ciência e Tecnologia Ambiental Africana,* **7**: 30-40.

Yu, S., Sternberg, M., Kutiel, P., e Chen, H. (2007). Massa de sementes, forma e persistência no banco de sementes do solo da flora das dunas costeiras de Israel. *Evolutionary Ecology Research,* **9**: 325-340.

Zaghloul, M.S. (2008). Diversidade no banco de sementes do solo do Sinai e implicações para a conservação e restauração. *Ciência e Tecnologia Ambiental,* **2**: 172-184.

Zemu Gebre-Egziabher. (2011). Eficácia das variedades de pera de cato (*Opuntia ficus-indica*) como alimento humano e ração para animais de criação; um estudo de caso em Endamohoni Wereda, sul de Tigray, Etiópia. Dissertação de mestrado, Universidade de Bahirdar, Bahirdar, Etiópia.

Zenebe Gebre Egziabher, Werede Sisay & Tirungo W/Michael. (1998). Socio-economic survey of Hugumbrda-Gratkahsu State Forest, Tigray National Regional State, Bureau of Agriculture and Natural Resources, Ethiopia.

Zerihun Woldu (1999). Forests in the vegetation types of Ethiopia and their status in the geographical context. Addis Ababa, Etiópia 4-13.

Sítios Web

https://www.google.com.et/searchviabilitytesting/mozillaenUS:official&client (acedido em, segunda-feira, 04/08/2013).

http://www.etflora.net/biodiversity/ecosystems-of-ethiopia/dry-evergreen-montane-forest-and-evergreen-scrub-ecosystem (acedido em quinta-feira, 04/abril/2013).

http://rainforests.mongabay.com/deforestation/2000/Ethiopia.htm (acedido em, segunda-feira, 14/outubro/2012).

http://www.smmflowers.org/mobile/species/Opuntia_ficus-indica.htm acedido em, 11 /Sábado/ abril 2013.

Apêndices

Apêndice.1. Lista da flora lenhosa de SSB registada pelo método de contagem de sementes no sítio florestal de Gerebshihoita /2488-601ma.s.l/.

Q. Não.	Nome científico	Família	Vernácula r	Habi t	N.º de indivíduos				Altitu de
			Nome		1	2	3	4	
1	*Rumex nervosus* Vahl	Polygonace ae	Ha'hot	Shru b	6	10	11	10	2488 m
	Juniperus procera Hochst.ex.Endl.	Cupressacea e	Tsihdi-adi	Árvor e	1				
2	*Rumex nervosus* Vahl	Polygonace ae	Ha'hot	Shru b		5		2	2499 m
	Juniperus procera Hochst.ex.Endl.	Cupressacea e	Tsihdi-adi	Árvor e	1				
	Cariss aedulis (Forssk.) Vahl	Apocynacea e	Agam	Shru b	1				
3	*Rumex nervosus* Vahl	Polygonace ae	Ha'hot	Shru b		1			2501 m
	Juniperus procera Hochst.ex.Endl.	Cupressacea e	Tsihdi-adi	Árvor e	35	7	9		

Q.No.	Espécie	Família	Nome local	Hábito	1	2	3	4	Altitude
4	*Juniperus procera* Hochst.ex.Endl.	Cupressaceae	Tsihdi-adi	Árvore		2		3	2565 m
5	*Rumex nervosus* Vahl	Polygonaceae	Ha'hot	Shrub	3			4	2599 m
6	*Opuntia ficus-indica* (L.) Mill	Cactáceas	kulkal	Shrub	9		1		2549 m
	Juniperus procera Hochst.ex.Endl.	Cupressaceae	Tsihdi-adi	Árvore	1				
7	*Juniperus procera* Hochst.ex.Endl.	Cupressaceae	Tsihdi-adi	Árvore	1				2587 m
8	*Cupressus lusitanica* Moleiro	Cupressaceae	Tsihdi-ferenji	Árvore		3		2	2469 m
	Juniperus procera Hochst.ex.Endl.	Cupressaceae	Tsihdi-adi	Árvore	26	8	9	8	
9	*Cupressus lusitanica* Moleiro	Cupressaceae	Tsihdi-ferenji	Árvore	8			5	2579 m
	Juniperus procera Hochst.ex.Endl.	Cupressaceae	Tsihdi-adi	Árvore	7	20		13	

1 representa a cama, 2 a primeira camada, 3 a segunda camada e 4 a terceira camada a que corresponde cada número no interior das células; e Q.No. representa o número do quadrado.

Apêndice.2. Lista da flora lenhosa de SSB registada pelo método de contagem de sementes na floresta de Ksadaider /2442m - 2487m a.s.l /.

Q. Não.	Nome científico	Família	Vernaculares	Habi t	Não	. de i	ndi v	indiví duos	Alt
			Nome		1	2	3	4	
1	*Juniperus procera* Hochst.ex.Endl.	Cupressaceae	Tsihdi-adi	Árvore	20	15	7		2445 m
	Teclea simplicifolia (Engl.) Verdoorn	Rutáceas	Salih	Árvore	10	5	1		
2	*Juniperus procera* Hochst.ex.Endl.	Cupressaceae	Tsihdi-adi	Árvore	4			1	2467 m
	Clutia abyssinica	Euphorbiaceae	Hirtmt mo	Shru b		2			
	Solanum incanum	Solanáceas	Engule	Shru b	1				
3	*Juniperus procera* Hochst.ex.Endl.	Cupressaceae	Tsihdi-adi	Árvore	6		6	5	2474 m
	Dodonaoea angustifolia L.f.	Sapindáceas	Tahsos	Shru b	1				
	Afrocarpus falcatus <Tliun) Mirb.	Podocarpáceas	Zigba	Árvore	1		1		
	Cadiapurpurea (Picc.) Ait.	Fabáceas	Shilaen	Shru b	2				

Nº	Espécie	Família	Nome local	Forma					Altitude
4	*Juniperus procera* Hochst.ex.Endl.	Cupressaceae	Tsihdi-adi	Árvore	80	21	25	25	2459
	Cadia purpurea (Picc.) Ait.	Fabáceas	Shilaen	Shru b	2				
5	*Cadia purpurea* (Picc.) Ait.	Fabáceas	Shilaen	Shru b	7				2447 m
	Juniperus procera Hochst.ex.Endl.	Cupressaceae	Tsihdi-adi	Árvore	1		5		
6	*Phytolacca dodecandra* LHerit.	Phytolaccaceae	Shi'mti	Shru b	8		5		2452 m
7	*Calpurnia aurea* (Ait) Benth.	Fabáceas	Hatsaw its	Shru b	4	3	1		2471 m
	Phytolacca dodecandra LHerit.	Fitolacáceas	Shi'mti	Shru b		3	1		
8	*Juniperus procera* Hochst. ex.Endl.	Cupressaceae	Tsihdi-adi	Árvore	71	5	6	4	2483 m
	Cadia purpurea (Picc.) Ait.	Fabáceas	Shilaen	Shru b	2				
	Dodonaoea angustifolia L.f.	Sapindáceas	Tahsos	Shru b			1		
9	*Espargos racemosos* Willd.	Asparagaceae	Kestens para	Clima	1				2449 m
	Juniperus procera	Cupressaceae	Tsihdi-	Árvore	11	1	5	3	

	Höchst. ex.Endl.		adi						
	Cadiapurpurea (Picc.) Ait.	Fabáceas	Shilaen	Shru b	1				
	Dodonaoea angustifolia L.f	Sapindáceas	Tahsos	Shru b	16	4		2	
	Afrocarpus falcatus <*Tliun*) Mirb.	Podocarpáceas	Zigba	Árvore			11		

1 representa a cama, 2 a primeira camada, 3 a segunda camada e 4 a terceira camada a que corresponde cada número no interior das células; e Q.No. representa o número do quadrado.

Apêndice.3 Lista da flora lenhosa de SSB registada através do método de contagem de sementes na floresta de Sebhiendodo /2297 - 2321m a.s.l /.

Q	Nome científico	Família	Vernáculo	Hábito	N.º de indivíduos				Altitu
N o.			r Nome		1	2	3	4	de
1	*Cupressuslusitanica* Moleiro	Cupressa ceae	Tsihdi-ferenji	Árvore		1			
	Juniperus procera Hochst.ex.Endl.	Cupressa ceae	Tsihdi-adi	Árvore	10	7			2307 m
	Afrocarpusfalcatus <*Tliun*) Mirb.	Podocarpo aceae	Zigba	Árvore	1			1	

	Especie	Familia	Nombre local	Hábito					Altitud
	Dodonaoea angustifolia L.f.	Sapindaceae	Tahsos	Arbusto	1				
	Pterollobium stellatum (Forssk.) Brenan	Fabáceas	Kantef'tef e	Arbusto	1				
2	*Afrocarpusfalcatus* <*Tliun*) Mirb.	Podocarpoaceae	Zigba	Árvore	1				2302 m
	Clutia abyssinica	Euphorbiaceae	Hirtmtmo	Arbusto		1			
	Juniperus procera Hochst.ex.Endl.	Cupressaceae	Tsihdi-adi	Árvore	1	3	4	6	
	Rumex nervosus Vahl	Polygonaceae	Ha'hot	Arbusto			2		
3	*Pterollobium stellatum* (Forssk.) Brenan	Fabáceas	Kantef'tef e	Arbusto	2				2311 m
	Afrocarpusfalcatus *fThun*) Mirb.	Podocarpoaceae	Zigba	Árvore	7				
	Juniperus procera Hochst.ex.Endl.	Cupressaceae	Tsihdi-adi	Árvore	15				

	Grewia mollis Juss.	Tiliaceae	Re'way	Arbusto	1				
4	*Calpurnia aurea* (Ait) Benth.	Fabáceas	Hatsawits	Arbusto	8	5		1	2317 m
	Juniperus procera Hochst.ex.Endl.	Cupressaceae	Tsihdi-adi	Árvore	6	1	1	1	
5	*Pterollobium stellatum* (Forssk.) Brenan	Fabáceas	Kanteftef e	Arbusto	2				2306 m
	Juniperus procera Hochst.ex.Endl.	Cupressaceae	Tsihdi-adi	Árvore	9			9	

	Dodonaoea angustifolia L.f.	Sapindaceae	Tahsos	Arbusto	8				
6	*Pterollobium stellatum* (Forssk.) Brenan	Fabáceas	Kanteftef e	Arbusto	1				2314
	Dodonaoea angustifolia L.f.	Sapindaceae	Tahsos	Arbusto	1	8		4	
	Juniperus procera Hochst.ex.Endl.	Cupressaceae	Tsihdi-adi	Árvore	1				
7	*Juniperus procera* Hochst.ex.Endl.	Cupressaceae	Tsihdi-adi	Árvore	8	6	3	3	2320 m

Q.No.	Espécie	Família	Nome local	Hábito	1	2	3	4	Altitude
	Afrocarpusfalcatus <*Tliun*) Mirb.	Podocarpoaceae	Zigba	Árvore	3		2	4	
	Calpurnia aurea (Ait) Benth.	Fabáceas	Hatsawits	Arbusto	1				
	Cupressuslusitanica Moleiro	Cupressaceae	Tsihdi-ferenji	Árvore	1				
8	*Calpurnia aurea* (Ait) Benth.	Fabáceas	Hatsawits	Arbusto	31		10		2299 m
	Juniperus procera Hochst.ex.Endl.	Cupressaceae	Tsihdi-adi	Árvore			1		
	Dodonaoea angustifolia L.f.	Sapindaceae	Tahsos	Arbusto			1		
	Acaciaabyssinica Hochst.ex Benth.	Fabáceas	Cha'a/ grar	Árvore			1		
9	*Calpurnia aurea* (Ait) Benth.	Fabáceas	Hatsawits	Arbusto	22	1	3	1	2309 m
	Cadiapurpurea (Picc.) Ait.	Fabáceas	Shilaen	Arbusto	2				
	Afrocarpusfalcatus *fThun*). Mirb.	Podocarpoaceae	Zigba	Árvore	1				
	Dodonaoea angustifolia L.f.	Sapindaceae	Tahsos	Arbusto			1		

1 representa a cama, 2 a primeira camada, 3 a segunda camada e 4 a terceira camada a que corresponde cada número no interior das células; e Q.No. representa o número do quadrado.

Apêndice 4: Lista da flora lenhosa de SSB registada através do método de contagem de sementes na floresta de Bandra /2170 - 2218m a.s.l/.

Q .	Nome científico	Família	Nome Vernáculo	Hábito	N.º de indivíduos				Alt
N o					1	2	3	4	
1	*Opuntiaficus-indica* (L.) Mill	Cactáceas	kulkal	Arbusto	9	10	8	5	2174 m
	Acacia abyssinica Hochst.ex Benth.	Fabáceas	Cha'a	Árvore				1	
2	*Opuntia ficus-indica* (L.) Mill	Cactáceas	kulkal	Arbusto	3	2	3	6	2179 m
	Dichrostachys cinerea (L.) Arn.	Fabáceas	Harshmars ha	Arbusto				1	
3	*Dodonaoea angustifolia* L.f.	Sapindacea e	Tahsos	Arbusto	3				2194 m
	Opuntia ficus-indica (L.) Mill	Cactáceas	kulkal	Arbusto	1		1		
	Cadiapurpurea (Picc.) Ait.	Fabáceas	Shilaen	Arbusto	5		2		
	Dichrostachys cinerea (L.) Arn.	Fabáceas	Harshmars ha	Arbusto	1				
4	*Dichrostachys cinerea* (L.) Arn.	Fabáceas	Harshmars ha	Arbusto		3			2189 m
	Opuntia ficus-indica (L.) Mill	Cactáceas	kulkal	Arbusto		2			
	Dodonaoea angustifolia L.f.	Sapindacea e	Tahsos	Arbusto	93	4		3	

	Espécie	Família	Nome local	Hábito						Altitude
	Dodonaoea angustifolia L.f.	Sapindacea e	Tahsos	Arbusto	1					
	Acacia tortilis (Forssk.) Hayne	Fabáceas	Kar'wora	Árvore	4					
5	*Cadiapurpurea* (Picc.) Ait.	Fabáceas	Shilaen	Arbusto	3					2202 m
	Opuntia ficus-indica (L.) Mill	Cactáceas	kulkal	Arbusto	2	1				
	Dichrostachys cinerea (L.) Arn.	Fabáceas	Harshmars ha	Arbusto	4					
	Acacia tortilis (Forssk.) Hayne	Fabáceas	Kar'wora	Árvore	1					
6	*Opuntia ficus-indica* (L.) Mill	Cactáceas	kulkal	Arbusto	1					2181 m
	Dichrostachys cinerea (L.) Arn.	Fabáceas	Harshmars ha	Arbusto	1					
	Acacia abyssinica Hochst.ex Benth.	Fabáceas	Cha'a	Árvore	1					
	Opuntia ficus-indica (L.) Mill	Cactáceas	kulkal	Arbusto	8	1		2		
7	*Dichrostachys cinerea* (L.) Arn.	Fabáceas	Harshmars ha	Arbusto	1					2213 m
	Dodonaoea angustifolia L.f.	Sapindacea e	Tahsos	Arbusto	3					
	Acacia tortilis (Forssk.) Hayne	Fabáceas	Kar'wora	Árvore	3					
8	*Cadiapurpurea* (Picc.) Ait.	Fabáceas	Shilaen	Arbusto					8	2208 m

| 9 | *Opuntia ficus-indica* (L.) Mill | Cactáceas | kulkal | Arbusto | 10 | | 8 | | | 2215 m |
| | *Afrocarpus falcatus* (Thun) Mirb. | Podocarpaceae | Zigba | Árvore | 1 | | | | | |

1 representa a cama, 2 a primeira camada, 3 a segunda camada e 4 a terceira camada a que corresponde cada número no interior das células; e Q.No. representa o número do quadrado.

Q.No.	Espécies	Família	Nome local	Habi t	N.º de indivíduos				Sítio/comunid ade florestal/	Altitu de
					1	2	3	4		
2	*Solanum incanum* L.	Solanáceas e	Engule	shru b	1				Ksadaider	2467 m
	Clutia abyssinica Jaub. & Spach.	Euphorbia ceae	Hrtm't mo	shru b	1					
2	*Solanum incanum* L.	Solanáceas e	Engule	shru b	1				Sebhiendodo	2302 m

Apêndice.5. Lista da flora lenhosa de SSB registada a partir do método de emergência de plântulas. 1 representa a cama, 2 a primeira camada, 3 a segunda camada e 4 a terceira camada a que corresponde cada número no interior das células; e Q.No. representa o número do quadrado.

Apêndice.6. Fotografia das espécies vegetais acima do solo.

1. *Hagenia abyssinica* (Bruce) J.F.Gmel

Habi

2. *Juniperus procera Hochst.ex.Endl.*
Tsihdi-adi
3. *Cupressus lusitanica* Miller

. Tsihdi-ferenji

4. *Rhus glutinosa* A.rich.

Te'ta'lo

5. *Carissa edulis ou spinarum* (Forssk.) Vahl Agam

6. *Olinia rochetania* A. Juss Ale'ale

7. *Osyris quadripartido* Decn
   Karets

8. *Dodonaoea angustifolia* L.f
   Tahsos

9. *Bersama abyssinica* fresen.
   Mirkuz-zibe

10. *Calpurnia aurea* (Ait) Benth
    Hatsawits

11. *Acacia abyssinica* Hochst.ex Benth.
Cha'a

12. *Espargo racemoso* Willd.

Kastensto

13. *Pterollobium stellatum*
(Forssk.) Brenan

Kanteftefe
Awle'e

15. *Maytenus undata* (Thunb.) Blakelock

Ats-ats

16. *Rumex nervosus* Vahl

Ha'hot

17.   *Teclea simplicifolia* (Engl.) Verdoorn
Salih

18.   *Psydrax schimperiana* (A.Rich.) Bridson
Tsehag

20. *Myrsine africana* L.

19.   *Dovalis verrucosa (*Hochst.) Warb.
Tuemtenay

Kechemo

Hrtm'tmo

22.   *Clutia abyssinica* Jaub. & Spach.

21. *Eucalipto globulus*

Tsa'eda Beharzaf

23. *Ekebergia capensis* Sparrm.
     Kot

24. *Afrocarpus falcatus (Thun) Mirb.*
     Zigba

25. *Berberis holstii* Engl.
     Munchi-u'ff
26. *Celtis africana* Burm.f.
     Boto-koma

27. *Rhoicissus tridentata* (L.f.) Wild e Drummond
Keyh-hareg
28. *Rhus natalensis* Krauss
Atam

29. Sageretia *thea* (Osbeck) M.C.Johnston
Kenchelchele

30. *Senecio hadiengis* Forssk.

Suhumatali

31. *Allophylus macrobotrys* Gilg
     Meara
32. *Cordia africana* Lam.

Awhi

33. *Opuntia ficus-indica* (L.) Mill
Kulkal

34. *Pittosporum viridiflorum* Sims
May'liho

36. *Dombeya torrida* (J.F.Gmel.) P. Bamps

37.   35. *Ficus sur* Forssk. Shanfa Buyak

38. *Becium grandiflorum* (Lam.) Pichi-serm.
Tebeb

39. *Debregeasia bicolar* (Roxb.) Wedd.
May-awalie

9. *Rosa abyssinica* Lindely

Chaga

40. *Dovyalis abyssinica* (A.Rich.) Warb.
Mengolhats

41. *Cadia purpurea* (Picc.)
Ait.
Shilaen

42. *Phytolacca dodecandra* LHerit.
Shimti

43. *Euclea racemosa (*A.DC.) Dandly
Kulo'o

44. *Vernonia bipontinnii* Vatke.

Mentaro

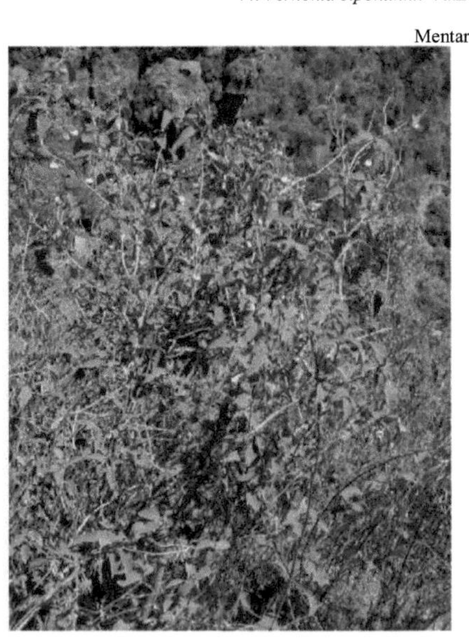

45. *Grewia mollis Juss.*

Reway
46. *Solanum incanum L.* Engule

47. *Acacia asak* (Forssk.) Will.
     Sabansa
48. *Dichrostachys cinerea* (L.) Arn.
     Harshmarsha

49. *Acacia tortilis* (Forssk.) Hayne
Karwora

50. *Balanites aegyptiaca (L.) Del.*
Bedano

52. *Pavetta oliveriana* Hiern

51. *Ziziphus spina Christi* (L.) Desf.

Shumeja

Kunkura

53. *Acokanthera schimperi (*A.DC.) Benth
Meroz

54. *Grewia tembensis* Fresen. Chanka

Apêndice .7. Anova para floras viáveis de Ssb.

	Anova					
	Fonte	Soma de quadrados	df	Quadrado médio	F	Sig.
Sítio florestal	*Juniperus procera*	1568.965	3	522.988	5.655	.001
	Dodonaoea angustifolia	181.056	3	60.352	.972	.408
	Calpurnia aurea	135.632	3	45.211	4.744	.004
	Opuntia Ficus indica	137.417	3	45.806	13.835	.000
	Rumex nervosus	54.972	3	18.324	6.976	.000
	Cupressus lusitanica	6.333	3	2.111	2.995	.033
	Cadia purpurea	5.556	3	1.852	1.858	.140
	Phytolacca dodecandra	6.021	3	2.007	2.919	.037
	Teclea simplicifolia	5.333	3	1.778	2.032	.113

	Dichrostachys cinerea	2.521	3	.840	4.792	.003
	Acácia tortilis	1.333	3	.444	3.012	.033
	Pterollobium stellatum	1.688	3	.563	7.200	.000
	Acácia abissínia	.076	3	.025	1.333	.266
	Clutia abyssinica	.028	3	.009	.667	.574
	Solanum incanum	.021	3	.007	1.000	.395
	Espargos racemosos	.021	3	.007	1.000	.395
	Grewia mollis	.021	3	.007	1.000	.395
	Carissa edulis	.021	3	.007	1.000	.395
Profundidade do solo	*Juniperus procera*	1090.688	3	363.563	3.931	.010
	Dodonaoea angustifolia	293.722	3	97.907	1.576	.198

Calpurnia aurea	71.299	3	23.766	2.494	.063

Opuntia Ficus indica	14.806	3	4.935	1.491	.220
Rumex nervosus	.917	3	.306	.116	.950
Cupressus lusitanica	1.278	3	.426	.604	.613
Cadia purpurea	10.667	3	3.556	3.568	.016
Phytolacca dodecandra	.743	3	.248	.360	.782
Teclea simplicifolia	1.722	3	.574	.656	.581
Dichrostachys cinerea	.799	3	.266	1.518	.213
Acácia tortilis	1.333	3	.444	3.012	.033
Pterollobium stellatum	1.688	3	.563	7.200	.000
Acacia abyssinica	.076	3	.025	1.333	.266
Clutia abyssinica	.083	3	.028	2.000	.117

Solanum incanum	.021	3	.007	1.000	.395
Espargos racemosos	.021	3	.007	1.000	.395
Grewia mollis	.021	3	.007	1.000	.395
Carissa edulis	.021	3	.007	1.000	.395
Juniperus procera	1042.896	9	115.877	1.253	.269
Dodonaoea angustifolia	526.000	9	58.444	.941	.492
Calpurnia aurea	188.785	9	20.976	2.201	.026
Opuntia Ficus indica	18.639	9	2.071	.626	.774
Rumex nervosus	3.639	9	.404	.154	.998
Cupressus lusitanica	3.389	9	.377	.534	.847
Cadia purpurea	13.111	9	1.457	1.462	.169
Phytolacca dodecandra	2.229	9	.248	.360	.952
Teclea simplicifolia	5.167	9	.574	.656	.747

Dichrostachys cinerea	2.396	9	.266	1.518	.148

Acácia tortilis	4.000	9	.444	3.012	.003
Pterollobium stellatum	5.063	9	.563	7.200	.000
Acacia abyssinica	.340	9	.038	1.980	.047
Clutia abyssinica	.083	9	.009	.667	.738
Solanum incanum	.063	9	.007	1.000	.444
Espargos racemosos	.063	9	.007	1.000	.444
Grewia mollis	.063	9	.007	1.000	.444
Carissa edulis	.063	9	.007	1.000	.444

Sítio florestal * profundidade do solo

Apêndice. 8. Fotografias que mostram alguma atividade.

yes I want morebooks!

Buy your books fast and straightforward online - at one of world's fastest growing online book stores! Environmentally sound due to Print-on-Demand technologies.

Buy your books online at
www.morebooks.shop

Compre os seus livros mais rápido e diretamente na internet, em uma das livrarias on-line com o maior crescimento no mundo! Produção que protege o meio ambiente através das tecnologias de impressão sob demanda.

Compre os seus livros on-line em
www.morebooks.shop

Printed by Books on Demand GmbH, Norderstedt / Germany